辽宁省"双高建设"立体化教材
全国船舶工业职业教育教学指导委员会特色教材

工业机器人操作与编程

主　编　李　琦
副主编　刘　凯
主　审　邓三鹏

哈尔滨工程大学出版社
Harbin Engineering University Press

内容简介

本书以 ABB IRB120 型六自由度工业机器人为载体,分五个项目详细讲解工业机器人的技术基础、基本操作、I/O 通信设置、编程基础、示教编程应用与调试等内容。通过学习基本操作与编程实际应用,引导学生掌握相关知识与技能。

本书采用"纸质教材与数字化资源相结合"的形式,实现了信息化教学与传统教学的完美融合,将主要知识点录制成数字资源,编写成素材丰富的信息化立体教材。学习者可通过扫码观看、学习相关知识点,突破了传统教学的时空限制,激发学习者自主学习的热情,从而打造高效的混合式课堂。

本书适合作为中、高职院校的工业机器人技术、机电一体化技术等相关专业的教材或者企业培训用书,还可供从事机器人操作的企业人员,特别是刚接触工业机器人行业的工程技术人员参考。

图书在版编目(CIP)数据

工业机器人操作与编程/李琦主编. —哈尔滨:
哈尔滨工程大学出版社,2019.7
ISBN 978 – 7 – 5661 – 2242 – 1

Ⅰ.①工… Ⅱ.①李… Ⅲ.①工业机器人 – 操作 – 教材②工业机器人 – 程序设计 – 教材 Ⅳ.①TP242.2

中国版本图书馆 CIP 数据核字(2019)第 107389 号

选题策划 史大伟 薛 力
责任编辑 雷 霞
封面设计 李海波

出版发行 哈尔滨工程大学出版社
社　　址 哈尔滨市南岗区南通大街 145 号
邮政编码 150001
发行电话 0451 – 82519328
传　　真 0451 – 82519699
经　　销 新华书店
印　　刷 哈尔滨圣铂印刷有限公司
开　　本 787 mm × 1 092 mm　1/16
印　　张 11.75
字　　数 307 千字
版　　次 2019 年 7 月第 1 版
印　　次 2019 年 7 月第 1 次印刷
定　　价 35.00 元
http://www.hrbeupress.com
E-mail:heupress@ hrbeu.edu.cn

前　言

工业机器人作为智能制造的代表,有望成为全球新一轮生产技术革命浪潮中最澎湃的浪花,推动世界经济发展。从 2014 年开始,我国已经成为工业机器人应用增长速度最快的国家,在《中国制造 2025》规划中,机器人是十大重点发展方向之一。随着职业教育工业机器人专业建设的不断深入,开发适合职业教育教学需求且具有产教融合特点的工业机器人专业教材成为专业建设和教学的一项重要工作。在此背景下,渤海船舶职业学院联合辽宁省内各相关高职院校,共同编写了以"工学结合,理实一体,信息化教学"为指导思想,采用任务驱动教学法的工业机器人专业核心课程教材。

本书以 ABB IRB120 型 6 自由度工业机器人综合实训台为载体,主要介绍工业机器人的操作与现场编程方法,分 5 个项目、14 个任务详细讲解工业机器人的技术基础、基本操作、I/O 通信设置、编程基础、示教编程应用与调试等内容。通过学习工业机器人基本操作与编程实际应用,引导学生掌握相关知识与技能。每个教学项目下设多个工作任务,每个工作任务由任务目标、任务引入、背景知识、任务实施、任务考核 5 个部分组成,并配有课后习题。每个教学项目结束后,在知识拓展中介绍工业机器人相关应用及行业前沿信息。学生通过学习本书,可以掌握 ABB 工业机器人操作与编程基本方法,并达到工业机器人操作调整工职业资格标准。

本书由渤海船舶职业学院李琦任主编,刘凯任副主编,王焜、杨梓嘉、杜冰等参与编写;天津职业技术师范大学邓三鹏教授担任主审。其中李琦编写了项目 2,4,5 及负责全书的统稿工作;刘凯编写了项目 3;王焜编写了项目 1 中的任务 1;杨梓嘉编写了项目 1 中的任务 2;杜冰编写了附录;辽宁装备制造职业技术学院任亚军、辽宁机电学院夏金伟和辽宁轻工职业技术学院高斌共同参与了教材的修改及视频录制工作。在教材编写及视频资源录制过程中,得到了大连大华中天科技有限公司的大力支持。

本书采用"纸质教材与数字化资源相结合"的形式,实现了信息化教学与传统教学的完美融合,将主要知识点录制成数字资源,编写成素材丰富的信息化立体教材。学习者可通过扫码的形式观看、学习相关知识点,突破了传统教学的时空限制,激发学习者自主学习的热情,从而打造高效的混合式教学课堂。

本书适合作为中、高职院校工业机器人技术、机电一体化技术等相关专业的教材或者企业培训用书,还可供从事机器人操作的企业人员,特别是刚接触工业机器人行业的工程技术人员参考。

李琦

2019 年 3 月

目 录

项目1 工业机器人技术基础 ······································· 1
    任务1 认知工业机器人 ··· 1
    任务2 工业机器人系统组成 ·· 10

项目2 工业机器人基本操作 ······································ 17
    任务1 工业机器人操作基础 ·· 17
    任务2 手动操纵工业机器人 ·· 22
    任务3 工业机器人坐标系的设置 ···································· 33

项目3 工业机器人I/O通信设置 ································· 63
    任务1 配置工业机器人的标准I/O板 ································ 63
    任务2 系统输入输出与I/O信号的关联 ······························ 98

项目4 工业机器人编程基础 ····································· 113
    任务1 认识RAPID编程语言与程序构架 ···························· 113
    任务2 认知和使用程序数据 ······································· 116
    任务3 运动指令的认知与应用 ····································· 127
    任务4 常用RAPID指令的认知与使用 ······························ 134
    任务5 I/O控制指令的认知与使用 ·································· 140

项目5 工业机器人示教编程应用与调试 ························· 146
    任务1 数组的应用 ··· 146
    任务2 工业机器人高级示教编程与调试 ····························· 150

参考文献 ··· 166
附录 ··· 167

项目1　工业机器人技术基础

任务1　认知工业机器人

【任务目标】

1. 熟知工业机器人的定义;
2. 掌握工业机器人的常见分类方法;
3. 了解工业机器人的发展现状和趋势;
4. 掌握各类工业机器人在行业中的应用情况。

【任务引入】

在了解工业机器人的现状和发展趋势,并掌握工业机器人定义和分类方法的基础上,通过现场教学,了解工业机器人及其相关应用。

【背景知识】

一、工业机器人概述

1. 什么是工业机器人

工业机器人是面向工业领域的多关节机械手或多自由度的机器装置,它能自动执行工作,是靠自身动力和控制能力来实现各种功能的一种机器。工业机器人是在机械手的基础上发展起来的,国外称为 Industrial Robot,一般指用于机械制造业中代替人完成具有大批量、高质量要求的工作,如汽车、摩托车、舰船、家电(电视机、电冰箱、洗衣机等)、化工等行业自动化生产线中的点焊、弧焊、喷漆、切割、电子装配,以及物流系统的搬运、包装、码垛等作业的机器人。

工业机器人的出现将人类从繁重单一的劳动中解放出来,而且它还能够从事一些不适合人类,甚至超越人类极限的劳动,实现生产的自动化,避免工伤事故和提高生产效率。工业机器人能够极大地提高生产效率,已经广泛地应用于电力、新能源、汽车、食品、饮料、医药、铁路、航空航天等众多领域。

对工业机器人的定义有很多,不同国家和地区各有不同:

美国将工业机器人定义为:一种用于移动各种材料、零件、工具或专用装置的,通过程序动作来执行各种任务的,并具有编程能力的多功能操作机。

日本将工业机器人定义为:一种带有存储器件和末端操作器的通用机械,它能够通过自动化的动作替代人类劳动。

中国将工业机器人定义为:一种自动化的机器,所不同的是这种机器具备一些与人或者生物相似的智能能力,如感知能力、规划能力、动作能力和协同能力,是一种具有高度灵活性的自动化机器。

国际标准化组织(International Organization Standardization, ISO)将工业机器人定义为：一种能自动控制，可重复编程，多功能，多自由度的操作机，能搬运材料、工件或操持工具来完成各种作业。

2. 工业机器人的特点

(1) 可编程

生产自动化的进一步发展是柔性启动化。工业机器人可随其工作环境变化的需要而再编程，因此它在小批量、多品种、具有均衡高效率的柔性制造过程中能发挥很好的作用，是柔性制造系统中的一个重要组成部分。

(2) 拟人化

工业机器人在机械结构上有类似人的腿、腰、大臂、小臂、手腕、手等部分，由电脑控制。此外，智能化工业机器人还有许多类似人类的"生物传感器"，如皮肤型接触传感器、力传感器、负载传感器、视觉传感器、声觉传感器等。传感器提高了工业机器人对周围环境的自适应能力。

(3) 通用性

除了专用的工业机器人外，一般工业机器人在执行不同的作业任务时具有较好的通用性，比如，更换工业机器人手部末端操作器(手爪、工具等)便可执行不同的作业任务。

(4) 涉及学科广泛

工业机器人技术涉及的学科相当广泛，归纳起来是机械学和微电子学的结合——机电一体化技术。第三代智能机器人不仅具有获取外部环境信息的各种传感器，还具有记忆能力、语言理解能力、图像识别能力、推理判断能力等人工智能。这些都与微电子技术的应用，特别是与计算机技术的应用密切相关。因此，工业机器人技术的发展必将带动其他技术的发展，其发展和应用水平也可以反映一个国家科学技术和工业技术的发展水平。

二、工业机器人的发展历程

1. 工业机器人的历史

机器人的启蒙思想其实很早就出现了，1920年捷克作家卡雷尔·恰佩克发表了剧本《罗萨姆的万能机器人》，剧中叙述了一个叫作罗萨姆的公司将机器人作为替代人类劳动的工业品推向市场的故事，引起了世人的广泛关注。

1954年，美国学者戴沃尔最早提出了工业机器人的概念，并申请了专利。该专利的要点是借助伺服技术控制机器人的关节，利用人手对机器人进行动作示教，机器人能实现动作的记录和再现。这就是所谓的示教再现机器人，我们今天所用到的工业机器人大部分都采用了这种控制方式。

1959年，美国人英格伯格和德奥尔发现可以使用机器人代替工人做一些简单重复的劳动，而且不需要报酬和休息。于是他们两人合办了世界上第一家机器人制造工厂，并制造出了世界上第一台工业机器人 Unimate，如图1.1所示。它可实现回转、伸缩、俯仰等动作。

机器人产品最早的实用机型(示教再现)是1962年美国 AMF 公司推出的"VERSTRAN"和 UNIMATION 公司推出的实用机型(示教再现)"UNIMATE"。这些工业机器人的控制方式与数控机床大体相似，但是外形特征相差甚远，主要由类似人的手和臂组成。

图1.1 世界上第一台工业机器人 Unimate

1965年,麻省理工学院的罗伯茨演示了第一个具有视觉传感器,能识别与定位简单积木的机器人系统。1967年,日本川崎重工业公司首先从美国引进机器人技术,建立生产厂房,并于1968年试制出日本第一台Unimate机器人。经过短暂的摇篮阶段,日本的工业机器人很快进入实用阶段,其应用由汽车业逐步扩大到其他制造业及非制造业。1970年,在美国召开了第一届国际工业机器人学术会议。此后,机器人技术的研究得到迅速的发展。1973年,辛辛那提·米拉克隆公司的理查德·豪恩制造了第一台由小型计算机控制的工业机器人,它是由液压驱动的,能提升的有效负载可达45 kg。1980年被称为日本的"机器人普及元年",日本开始在各个领域推广使用机器人,这大大缓解了市场劳动力严重短缺的社会矛盾,再加上日本政府采取的多方面鼓励政策,这些机器人受到了广大企业的欢迎。

世界上的机器人供应商分为日系和欧系两类。1980—1990年,日本的工业机器人处于鼎盛时期,后来国际市场曾一度转向欧洲和北美。瑞士的ABB公司是世界上最大的工业机器人制造公司之一。1974年,研发了世界上第一台全电控式工业机器人IRB6,主要应用于工件的取放和物料搬运;1975年,生产出第一台焊接机器人;1980年,兼并Trallfa喷漆机器人公司后,其机器人产品趋于完备。ABB公司制造的工业机器人广泛应用在焊接、装配、铸造、密封涂胶、材料处理、包装、喷漆、切割等领域。

德国的KUKA Roboter Gmbh公司是世界上顶级工业机器人制造商之一。1973年,KUKA研制开发了第一台工业机器人,年产量达到一万台。其所生产的机器人广泛应用在仪器、汽车、航天、食品、制药、医学、铸造、塑料等领域,主要用于材料处理、机床装备、包装、堆垛、焊接、表面修整等。

意大利的COMAU公司从1978年开始研制和生产工业机器人,至今已有40多年的历史。其机器人产品包括Smart系列多功能机器人和MASK系列龙门焊接机器人,广泛应用于汽车制造、铸造、家具、食品、化工、航天、印刷等领域。

2. 工业机器人的发展现状

目前,在普及了第一代工业机器人的基础上,第二代工业机器人经推广应用,已成为主流安装机型,第三代智能机器人也已占有一定比重并成为发展的方向。近年来,随着人力成本的高涨,自动化技术开始受到生产企业的重视,以机器人、虚拟制造、3D打印等技术为代表的新一轮产业革命兴起。传统制造业面临新的挑战,转型升级将给中国自动化行业带来巨大的市场机遇,工业机器人作为自动化领域内高智能化的产品,具有很大的发展潜力和市场应用前景。

机器人是"工业3.0"到来的指征之一,同时也是实现《中国制造2025》规划的重要工具。智能装备制造业是重点发展的战略性新兴产业,实现《中国制造2025》规划和"工业3.0"也离不开智能装备制造业的支持。

3. 我国工业机器人的发展趋势

近年来,工业机器人发展迅速,特别是在中国市场上,制造业为改变落后的生产方式,解决用工荒难题,需要大力投入机器人等自动化设备。加上政策对于智能化产业大力扶持,中国各地兴起了机器人发展大潮。

(1)政策影响趋势

为了优化机器人产业结构,促进产业实现升级,我国2013—2016年推出了一系列相关产业政策。例如,在2013年,工业和信息化部(简称工信部)发布《关于推进工业机器人发展的指导意见》;在2015年,国务院发布《中国制造2025》;2016年,工业和信息化部、国家发展和改革委员会、财政部发布《机器人产业发展规划(2016—2020)》。赛智产业研究院认为,政府的大力扶持和传统产业转型升级的拉动,不仅将促使工业机器人市场持续增长,也将带动专业型与个人、家庭型服务机器人市场快速增长,机器人概念将持续火爆,市场参与热度也会继续上升。

(2)技术影响趋势

智能感知认知、多模态人机交互、云计算等智能化技术不断成熟,为智能机器人的演进提供了坚实的发展基础。我国在人工智能技术方面与全球基本处于同一起跑线,特别是在图像识别、语音识别、语义识别等多模态人机交互技术领域,部分已接近和达到全球领先水平。未来,要加快推进核心技术的自主研发,重点突破产业链中上游的核心零部件关键技术,提升机器人产业技术水平和自主创新能力。围绕市场需求,加强新技术的跟踪与整合,开展机器人系统的可靠性设计和制造工艺研究,进一步加速高精度减速机、控制器、伺服电机等关键零部件的国产化率和研发创新的产业化进程,提高机器人高端产品的质量可靠性,提升自主品牌核心竞争力。建立健全机器人创新平台,打造政、产、学、研、用紧密结合的协同创新载体,积极跟踪机器人未来发展趋势,提早布局仿生技术、智能材料、机器人深度学习、多机协同等前瞻性技术研究。

(3)人才影响趋势

以智能制造为技术背景的时代已经提前到来,在互联网平台、人工智能技术逐渐普及的大数据条件下,机器人的智能化程度越来越高,这不仅提升了我国劳动力技能,而且开辟了新的工作岗位,机器人工程师迅速成为行业抢手货,转而成为"智造人才"。未来,培养从研发、生产、维护到系统集成的多层次、多类型技能人才将会是提升企业核心竞争力的关键所在。

(4)资本影响趋势

技术和资本是产业发展的两大原始驱动力,任何一轮技术创新,都必然要有资本市场的坚强支撑,而资本市场的长期收益,也往往来自对技术创新点的把握和培育。目前全球机器人行业都处于资本风口,我国机器人产业资本市场亦非常活跃。机器人行业资本杠杆的使用打破此线性、单向传导模式,使产业发展形成结构化、多层次发展模式,将会推动机器人产业进入资本联动、跨越增长的新时代。

三、工业机器人的分类及应用

1. 工业机器人的分类

关于工业机器人的分类,国际上没有制定统一的标准,有的按负载质量分,有的按控方式分,有的按自由度分,有的按结构分,有的按应用领域分。例如,机器人首先在制造业大规模应用,所以机器人曾被简单地分为两类,即用于汽车、机床等制造业的机器人称为工业机器人,其他的机器人称为特种机器人。随着机器人应用的日益广泛,这种分类显得过于粗糙。现在除了工业领域之外,机器人技术已经广泛地应用于农业、建筑、医疗、服务、娱乐,以及空间和水下探索等多个领域。依据具体应用领域的不同,工业机器人又可分成物流、码垛、服务等搬运型机器人和焊接、车铣、修磨、注塑等加工型机器人等。可见,机器人的分类方法和标准很多。

(1)按机器人的技术发展水平划分

根据机器人的技术发展水平,可以将工业机器人分为三代:

①示教再现机器人 第一代工业机器人是示教再现型,如图1.2所示。这类机器人能够按照人预先示教的轨迹、行为、顺序和速度重复作业。示教可以由操作人员手把手地进行,比如操作人员握住机器人上的喷枪,沿喷漆路线示范一遍,机械人记住一连串运动,工作时,自动重复这些运动,从而完成给定位置的涂装工作。这种方式即所谓的"直接示教"。但是,比较普遍的方式是通过示教器示教。操作人员利用示教器上的开关或按键来控制机器人一步一步地运动,机器人自动记录,然后重复。目前在工业现场应用的机器人大多数属于第一代。

(a) (b)

图1.2 示教再现机器人

(a)手把手示教;(b)示教器示教

②感知机器人 第二代工业机器人具有环境感知装置,如图1.3所示为配备视觉系统的工业机器人。它能在一定程度上适应环境的变化,目前已进入应用阶段。以焊接机器人为例,机器人焊接的过程一般是通过示教方式给出机器人的运动曲线,机器人携带焊枪沿着该曲线进行焊接。这就要求工件的一次性要好,即工件被焊接位置必须十分精确。否则,机器人携带焊枪所走的曲线和工件的实际焊缝位置会有偏差。为解决这个问题,第二代工业机器人(应用于焊接作业时)采用焊缝跟踪技术,通过传感器感知焊缝的位置,再通过反馈控制,机器人就能够自动跟踪焊缝,从而对示教的位置进行修正,即使实际焊缝相对于原始设定的位置有变化,机器人仍然可以很好

图1.3 配备视觉系统的工业机器人

地完成焊接工作。类似的技术正越来越多地应用于工业机器人。

③智能机器人　第三代工业机器人称为智能机器人,其中,发现问题并且自主解决问题的能力尚处于试验研究阶段。作为发展目标,这类机器人具有多种传感器,不仅可以感知自身的状态,比如所处的位置、自身的故障情况等,而且还能够感知外部环境的状态,比如自动发现路况,撤出协作机器的相对位置、相互作用的力等。更为重要的是,第三代工业机器人能够根据获得的信息,进行逻辑推理、判断决策,在变化的内部状态的外部环境中,自主决定自身的行为。这类机器人具有高度的适应性和自制能力。尽管经过多年的不懈研究,人们研制了很多各具特点的试验装置,提出了大量新思想、新方向,但是现在工业机器人的自适应技术还十分有限。

(2)按机器人的机构特征划分

工业机器人的机械配置形式多种多样,典型机器人的机构运动特征是用其坐标特性来描述的。按基本动作机构,工业机器人通常可分为直角坐标机器人、柱面坐标机器人、球面坐标机器人和多关节型机器人等类型。

①直角坐标机器人　如图1.4所示,直角坐标机器人具有空间上相互垂直的多个直线移动轴(通常3个),通过直角坐标方向的3个独立自由度确定其手部的空间位置,其动作空间为一长方体。直角坐标机器人结构简单,定位精度高,空间轨迹易于求解;但其动作范围相对较小。设备的空间因数较低,实现相同的动作空间要求时,机体本身的体积较大。

②柱面坐标机器人　如图1.5所示,柱面坐标机器人的空间位置机构主要由旋转基座、垂直移动轴和水平移动轴构成,具有一个回转和两个平移自由度,其动作空间呈圆柱体。这种机器人结构简单、刚性好,缺点是在机器人的动作范围内,必须有沿轴线前后方向的移动空间,空间利用率较低。著名的 Versatran 机器人就是典型的柱面坐标机器人。

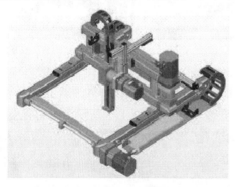

图1.4　直角坐标机器人

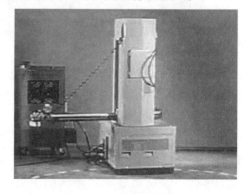

图1.5　柱面坐标机器人

③球面坐标机器人　如图1.6所示,其空间位置分别由旋转、摆动和平移3个自由度确定,动作空间形成球面的一部分。其机械手能够前后伸缩移动、在垂直平面上移动及绕底座在水平面上转动。著名的 Unimate 机器人就属于这种类型。其特点是结构紧凑,所占空间体积小于直角坐标机器人和柱面坐标机器人,但仍大于多关节型机器人。

④多关节型机器人　由多个旋转和摆动机构组合而成。这类机器人结构紧凑、工作空间大、动作最接近人的动作,对涂装、装配、焊接等多种作业都有良好的适应性,应用范围越

来越广。不少著名的机器人都采用了这种形式,其摆动方向主要有铅锤方向和水平方向两种,因此这类机器人又可分为垂直多关节机器人和水平多关节机器人。美国 Unimation 公司在 20 世纪 70 年代末推出的机器人 PUMA 就是垂直多关节机器人,而日本三梨大学研制的机器人 SCARA 则是典型的水平多关节机器人。目前世界工业界装机最多的工业机器人是 SCARA 型四轴机器人和串联关节型垂直六轴机器人。

如图 1.7 所示,多关节机器人模拟了人类的手臂,由垂直于地面的腰部旋转轴(相当于大臂旋转的肩部旋转轴)、带动小臂旋转的肘部旋转轴和小臂前端的手腕等构成。手腕通常由 2~3 个自由度构成。其动作空间近似一个球体,所以也称为多关节球面机器人。其优点是可以自由地实现三维空间的各种姿势,可以生成各种复杂形状的轨迹。相对于机器人的安装面积,其动作范围很宽,缺点是结构刚度较低,动作的绝对位置精度较低。

图 1.6 球面坐标机器人

水平多关节机器人在结构上具有串联配置的两个能够在水平面内旋转的手臂,其自由度可以根据用途选择 2~4 个,动作空间为一圆柱体。水平多关节机器人的优点是在垂直方向上的刚性好,能方便地实现二维平面上的动作,普遍应用于装配作业中。

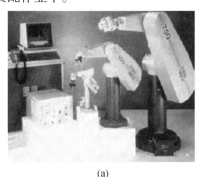   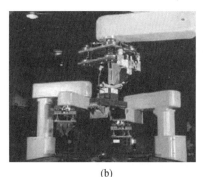

(a)   (b)

图 1.7 多关节机器人

(a)垂直多关节机器人;(b)水平多关节机器人

3. 工业机器人的应用

自 1969 年,美国通用汽车公司用 21 台工业机器人组成了焊接轿车车身的自动生产线后,各发达国家都非常重视研制和应用工业机器人,进而也相继形成了一批在国际上较有影响力的、著名的工业机器人公司。这些公司目前在中国的工业机器人市场也处于领先地位,主要分为日系和欧系两类。具体来说,又可分成"四大"和"四小"两个阵营。"四大"即为瑞士 ABB 公司、日本 FANUC 公司及 YASKAWA 公司、德国 KUKA 公司;"四小"为日本 OTC 公司、PANASONIC 公司、NACHI 公司及 KAWASAKI 公司。其中,日本 FANUC 公司与 YASKAWA 公司、瑞士 ABB 公司三家企业在全球机器人销量均突破 20 万台,KUKA 机器人的销量也突破了 15 万台。国内的工业机器人厂商中,既有像沈阳新松自动化股份有限公司这样的国内机器人技术的引领者,也有像南京埃斯顿自动化股份有限公司和广州数控设备有限公司这些伺服、数控系统厂商。当今世界近50%的工业机器人集中使用在汽车领域,主要进行搬运、码垛、焊接、涂装和装配等复杂作业。

（1）搬运

搬运作业是指用一种设备握持工件,从一个加工位置移到另一个加工位置。搬运机器人可安装不同的末端执行器（如机械手爪、真空吸盘、电磁吸盘等）以完成各种不同形状和状态的工件搬运,大大减轻了人类繁重的体力劳动。通过编程控制,可以让多台机器人配合各个工序不同设备的工作时间实现流水线作业的最优化。搬运机器人具有定位准确、工作节拍可调、工作空间大、性能优良、运行平稳可靠、维修方便等特点。目前世界上使用的搬运机器人已超过10万台,广泛应用于机床上下料、自动装配流水线、集装箱的自动搬运等。

（2）码垛

机器人码垛是机电一体化高新技术产品,它可以满足中低产量的生产需要,也可按照要求的编组方式和层数,完成对料袋、胶块、箱体等各种产品的码垛。机器人替代人工搬运、码垛,生产上能迅速提高企业的生产效率和产量,同时能减少人工搬运造成的错误。机器人码垛可全天候作业,由此每年能节约大量的人力资源成本,达到减员增效。码垛机器人广泛应用于化工、食品、啤酒、塑料等生产企业,对纸箱、袋装、罐装、瓶装啤酒箱等各种形状的包装成品都适用。

（3）焊接

焊接是目前应用最广的工业机器人应用领域（如工程机械、汽车制造、电力建设、钢结构等）。焊接机器人能够在恶劣的环境下连续工作数月并能提供稳定的焊接质量,提高了工作效率,减轻了工人的劳动强度。采用机器人焊接是焊接自动化的革命性进步,它突破了焊接刚性自动化（焊接专机）的传统方式,开拓了一种柔性自动化生产方式,实现了在一条焊接机器人生产线上同时自动生产若干种焊件。

（4）涂装

机器人涂装工作站或生产线充分利用了机器人灵活、稳定、高效的特点,适用于生产量大、产品型号多、表面形状不规则的工件外表面涂装,广泛应用于汽车、汽车零配件（如发动机、保险杠、变速箱、弹簧、板簧、塑料件等）、铁路（如客车、机车、油罐车等）、家电（如电视机、电冰箱、洗衣机、电脑、手机等外壳）、建材（陶瓷）、机械（如电动机减速器）等行业。

（5）装配

装配机器人是柔性自动化系统的核心设备,末端执行器为适应不同的装配对象而设计成各种"手爪",传感系统用于获取装配机器人与环境和装配对象之间相互作用的信息。与一般工业机器人相比,装配机器人具有精度高、柔顺性好、工作范围小、能与其他系统配套使用等特点,主要应用于各种电器的制造及流水线产品的组装作业,具有高效、精确、可不间断工作的特点。

综上所述,在工业生产中应用机器人,可以方便迅速地改变作业内容或方式,以满足生产要求的变化,比如,改变焊缝轨迹、改变涂装位置、变更装配部件或位置等。随着对工业生产线柔性的要求越来越高,对各种机器人的需求也会越来越强烈。

【任务实施】

一、任务实施目的

1. 掌握工业机器人的基本概念;
2. 了解工业机器人的发展历程及趋势;
3. 掌握工业机器人的分类方法;
4. 熟知工业机器人的应用;
5. 了解实训中心管理制度;
6. 深入强化6S管理素养。

二、设备和工具

各类型工业机器人。

三、任务实施内容

参观工业机器人实训中心。

【任务考核】

考核项目	考核内容	要求及评分标准	配分	成绩
理论知识	工业机器人基本概念	什么是工业机器人?	10	
		工业机器人有哪些特点?	10	
	工业机器人分类及应用	工业机器人操作系统如何备份与恢复?	10	
		工业机器人系统时间如何设定?	10	
实际操作评定	认知工业机器人	认知实训中心内各类型工业机器人	40	
文明生产	安全操作	符合安全操作规程	5	
	6S标准执行	工作过程符合6S标准,及时清理维护设备	5	
	团队合作	具备小组间沟通、协作能力	10	
合计			100	
开始时间:		结束时间:		

【习题思考】

1. 什么是工业机器人?
2. 工业机器人有哪些特点?
3. 工业机器人操作系统如何备份与恢复?
4. 工业机器人系统时间如何设定?

任务2　工业机器人系统组成

【任务目标】

1. 熟知工业机器人系统的组成；
2. 熟知工业机器人的技术指标及选型标准；
3. 掌握工业机器人的运动控制方式；
4. 能完成工业机器人的开关机等简单操作。

【任务引入】

在熟知工业机器人系统组成及相关技术指标的基础上，掌握工业机器人的运动控制方式、点位运动和连续运动的特点和操作方法；能熟练完成工业机器人的开关机操作。

【背景知识】

一、工业机器人的基本组成

工业机器人的系统由三大部分六个子系统组成。三大部分为控制部分、机械部分和传感器检测部分。六大子系统为人机交互系统、控制系统、驱动系统、机械结构系统、感受系统，以及机器人-环境交互系统。

工业机器人是一种具有手臂、手腕和手功能的机电一体化装置，可对物体运动的位置、速度和加速度进行精确控制，从而完成某一工业生产的作业要求。如图1.8所示，当前工业中应用最多的第一代工业机器人主要由以下几部分组成：操作机、控制器和示教器。对于第二代及第三代工业机器人还包括感知系统和分析决策系统，它们分别由传感器及软件实现。

图1.8　机器人系统组成

1—操作机；2—示教器；3—控制器

二、工业机器人的技术指标

工业机器人的技术指标反映了机器人的使用范围和工作性能，是选择、使用机器人必须考虑的问题。尽管各机器人厂商所提供的技术指标不完全一样,机器人的结构、用途及用户的要求也不尽相同,但其主要技术指标都包括自由度、工作精度、工作空间、最大工作速度和额定负载等。

1. 自由度

自由度是物体能够对坐标系进行独立运动的数目,末端执行器的动作不包括在内,它通常作为机器人的技术指标,反映机器人动作的灵活性,可用轴的直线移动、摆动或旋转动作的数目来表示。采用空间开链连杆机构的机器人,因每个关节运动副仅有1个自由度,所以机器人的自由度就等于它的关节数。由于具有6个旋转关节的铰接开链式机器人从运动学上已被证明能以最小的结构尺寸获取最大的工作空间,并且能以较高的位置精度和最优的路径到达指定位置,因而关节机器人在工业领域得到了广泛应用。目前,焊接和涂装作业机器人多为6或7自由度,而搬运、码垛和装配机器人多为4~6自由度。

2. 工作精度

机器人的工作精度指的是定位精度和重复定位精度。定位精度(也称绝对精度)是指机器人末端执行器实际到达位置与目标位置间的差异。重复定位精度(简称重复精度)是指机器人重复定位其末端执行器于同一目标位置的能力。工业机器人具有绝对精度低,重复精度高的特点。一般而言,工业机器人的绝对精度要比重复精度低一到两个数量级,造成这种情况的主要原因是机器人控制系统根据机器人的运动学模型来确定机器人末端执行器的位置,然而,这个理论上的模型和实际机器人的物理模型存在一定的误差,产生误差的原因主要是由于机器人本身的制造误差、工件加工误差、机器人与工件的定位误差等。目前,工业机器人的重复精度可达 ±0.01 ~ ±0.5 mm。根据作业任务和末端持重的不同,对机器人重复精度的要求也有所不同。

3. 工作空间

工作空间也称工作范围、工作行程,它是工业机器人在执行任务时,其手腕参考点所能掠过的空间。由于工作范围的形状和大小反映了机器人工作能力的大小,因而它对于机器人的应用十分重要。工作范围不仅与机器人各连杆的尺寸有关,还与机器人的总体结构有关。为了能够真实反映机器人的特征参数,厂家所给出的工作范围一般指不安装末端执行器时可以到达的区域。应特别注意的是,在装上末端执行器后,需要同时保证工具姿态,实际的可达空间会比厂家给出的要小,需要认真地用比例作图法或模型法核算一下,以判断是否满足实际需要。目前,单体工业机器人本体的工作半径可达3.5 m左右。

4. 最大工作速度

最大工作速度是在各轴联动的情况下,机器人手腕中心所能达到的最大线速度。这是影响生产效率的重要指标。生产厂家一般都会在技术参数中对最大工作速度加以说明。最大工作速度越高,生产效率也就越高。然而,工作速度越高对机器人最大加速度的要求也就越高。

5. 额定负载

额定负载也称持重,是指在正常操作条件下,作用于机器人手腕末端,且不会使机器人性能降低的最大载荷。目前使用的工业机器人负载范围从0.5~800 kg不等。

除上述5项技术指标外,还应注意机器人控制方式、驱动方式、安装方式、存储容量、插补功能、语言转换、自诊断及自保护、安全保障功能等。

三、工业机器人的运动控制方式

工业机器人的运动控制方式主要有 4 种：点位控制方式（PTP）、连续轨迹控制方式（CP）、力（力矩）控制方式、智能控制方式。

1. 点位控制方式（point to point，PTP）

点位运动只关心机器人末端执行器运动的起点和目标位姿，而不关心两点之间的运动轨迹。点位运动比较简单，比较容易实现。如图 1.9 所示，工业机器人末端执行器由 A 点 PTP 运动到 B 点，那么机器人可沿①～③中的任一路径运动。

这种控制方式的特点是控制工业机器人末端执行器在作业空间中某些规定的离散点上的位姿。控制时只要求工业机器人快速、准确地实现相邻各点之间的运动。由于其控制方式易于实现、定位精度要求不高，因而常被应用在上下料、搬运、点焊和在电路板上安插元器件等只要求目标点处保持末端执行器位姿准确的作业中。这种方式比较简单，但是要达到 2～3 μm 的定位精度是相当困难的。

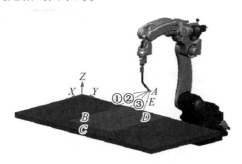

图 1.9　工业机器人 PTP 运动和 CP 运动

2. 连续轨迹控制方式（continuous path，CP）

连续轨迹运动不仅关心机器人末端执行器达到目标点的精度，而且必须保证机器人能沿所期望的轨迹在一定精度范围内重复运动。如图 1.9 所示，工业机器人末端执行器由 A 点直线运动到 B 点，那么机器人可沿路径②运动。

这种控制方式的特点是连续地控制工业机器人末端执行器在作业空间中的位姿，要求机器人严格按照预定的轨迹和速度在一定的精度范围内运动，而且速度可控、轨迹光滑、运动平稳，以完成作业任务。工业机器人各关节连续、同步地进行相应的运动，其末端执行器即可形成连续的轨迹。这种控制方式的主要技术指标是工业机器人末端执行器位姿的轨迹跟踪精度及平稳性。通常弧焊、喷漆、去毛边和检测作业机器人都采用这种控制方式。

3. 力（力矩）控制方式

在完成装配、抓放物体等工作时，除了要准确定位之外，还要求使用适度的力或力矩进行工作，这时就要利用力（力矩）控制方式。这种方式的控制原理与位置伺服控制原理基本相同，只不过输入量和反馈量不是位置信号，而是力（力矩）信号，因此系统中必须有力（力矩）传感器。有时也利用接近、滑动等传感功能进行自适应式控制。

4. 智能控制方式

机器人的智能控制是通过传感器获得周围环境的信息，并根据自身内部的知识库做出相应的决策。智能控制技术使机器人具有了较强的环境适应性及自学习能力。智能控制技术的发展有赖于近年来人工神经网络、基因算法、遗传算法、专家系统等人工智能的迅速发展。

四、工业机器人的选型

目前工业机器人主要用于弧焊、点焊、喷涂、装配及搬运等作业,不同用途的机器人有不同的结构形式、自由度及控制要求。不同的应用条件和工艺要求,对机器人的负荷、速度及精度控制要求不同,需要不同的结构形式。工业机器人选型一般遵循以下原则:

1. 最小运动惯量原则

由于机器人本体运动部件较多,运动状态经常改变,必然会产生冲击和振动。采用最小运动惯量原则,尽量减小运动部件的质量,可以增加本体运动的平稳性,提高本体的动力学特性。

2. 尺寸优化原则

当设计要求满足一定工作空间要求时,通过尺寸优化以选定最小的臂杆尺寸,这将有利于本体刚度的提高,使运动惯量进一步降低。

3. 高强度材料选用原则

由于机器人本体从手腕、小臂、大臂到机座是依次作为负载起作用的,选用高强度材料以减轻零部件的质量,减少运转的动载荷与冲击,减小驱动装置的负载,提高运动部件的响应速度是十分必要的。

4. 刚度设计的原则

要使刚度最大,必须恰当地选择杆件截面形状和尺寸,提高支承刚度和接触刚度,合理安排作用在臂杆上的力和力矩,尽量减少杆件的弯曲变形。

5. 可靠性原则

机器人本体因结构复杂、环节较多,可靠性显得尤为重要。一般来说,元器件的可靠性应高于部件的可靠性,而部件的可靠性应高于整机的可靠性。

6. 工艺性原则

机器人本体是一种高精度、高集成度的自动机械系统,良好的加工和装配工艺性是设计时要体现的重要原则之一。

【任务实施】

一、任务实施目的

1. 熟知工业机器人系统的组成;
2. 熟知工业机器人的技术指标;
3. 掌握工业机器人的运动控制方式;
4. 掌握工业机器人选型方法及原则;
5. 能完成工业机器人开关机等简单操作;
6. 培养实践动手能力;
7. 深入强化6S管理素养。

工业机器人开关机操作

二、设备和工具

IRB120型ABB工业机器人集成多功能实训台,如图1.10所示。

图1.10　IRB120型ABB工业机器人集成多功能实训台

三、任务实施内容

工业机器人开关机操作。

【任务考核】

考核项目	考核内容	要求及评分标准	配分	成绩
理论知识	工业机器人系统组成	工业机器人体系由哪些部分组成?	5	
	工业机器人技术参数	什么是工业机器人的精度和自由度?	10	
		简述工业机器人的工作速度和工作范围	10	
		什么是工业机器人的负载能力?	5	
	工业机器人运动控制方式	工业机器人的运动控制方式有哪些?	10	
实际操作评定	工业机器人开关机操作	工业机器人开机操作	20	
		工业机器人关机操作	20	
文明生产	安全操作	符合安全操作规程	5	
	6S标准执行	工作过程符合6S标准,及时清理维护设备	5	
	团队合作	具备小组间沟通、协作能力	10	
合计			100	
开始时间:		结束时间:		

【习题思考】

1. 工业机器人主要是由（   ）、（   ）、（   ）和（   ）组成。
2. 什么是工业机器人的精度和自由度？
3. 简述工业机器人工作速度和工作范围。
4. 什么是工业机器人负载能力？
5. 工业机器人运动控制方式有哪些？

拓展知识

工业机器人在智能制造中的应用——装配机器人

装配机器人同搬运、码垛、焊接、涂装等工业机器人一样融合了多种技术，在国内高水准自动化生产装配线上，已处处可见装配机器人的身影。经过长时间的发展，装配机器人可逐步实现柔性化、无人化、一体化装配工作。现从机器人系统方面介绍装配机器人技术的新进展。

尽管某些场合的装配难以用装配机器人实现自动化，但是装配机器人的出现大幅度提升了装配生产线吞吐量，使得整个装配生产线逐渐向无人化发展，各大机器人生产厂家不断研发创新，不断推出多功能的装配机器人。装配机器人系统由以下几部分组成：

一、操作机

日本川田工业株式会社推出的NEXTAGE装配机器人，打破机器人定点安装的局限，在底部配有移动导向轮，可适应装配不同结构形式的生产线，如图1.11所示。NEXTAGE装配机器人具有15个轴，每个手臂6轴、颈部2轴、腰部1轴，且"头部"类似于人头部，配有2个立体视觉传感器，每只手爪亦配有立体视觉传感器，极大程度地保证装配任务的顺利进行。

YASKAWA机器人公司亦推出双臂机器人SDA10F，如图1.12所示。该系列机器人有两个手臂和一个旋转躯干，每个手臂负载10 kg，并具有7个旋转轴，整体机器人具有15个轴，具有较大灵活性，并配备VGA CCD摄像头，极大地促进了装配准确性。

图1.11　NEXTAGE装配机器人

图1.12　YASKAWA SDA10F装配机器人

二、控制器

装配生产线随着产品结构的不断升级,新型机器人不断涌现、控制器处理能力不断增强。2013 年安川机器人正式推出更加适合取放动作的控制器 FS100L,如图 1.13 所示。该控制器主要针对负载在 20 kg 以上的中大型取放机器人,控制器内部单元与基板均高密度实装,节省空间,与之前同容量机种相比体积减小近 22%;处理能力提高,具有高速生产能力,缩短 I/O 应答时间。

图 1.13　FS100L 控制器

项目2　工业机器人基本操作

任务1　工业机器人操作基础

【任务目标】

1. 熟知工业机器人安全操作相关知识；
2. 熟知示教器界面及基本功能；
3. 掌握ABB工业机器人示教器的基本使用方法；
4. 能够对工业机器人示教器使用环境进行配置。

【任务引入】

工业机器人的安全操作是工业机器人操作的基础和关键，在了解工业机器人操作过程及不同运动模式下操作注意事项的基础上，能够在紧急情况下做出相应处理；在认识ABB工业机器人示教器的界面、结构和常用功能的基础上，正确使用示教器进行基本操作，并对工业机器人示教器进行基本的环境配置。

【背景知识】

一、工业机器人安全操作知识

在启动工业机器人之前，首先要仔细阅读工业机器人的产品手册，并阅读产品手册中安全章节里的全部内容。在熟练掌握设备相关知识、安全操作信息及注意事项后，才可以操作工业机器人。工业机器人安全操作规范见表2.1。

表2.1　工业机器人安全操作规范

序号	安全操作注意事项	操作要点
1	总电源的安全管理	在进行机器人的安装、维修、保养时，切记要将总电源关闭。带电作业可能会产生致命性后果。如果不慎遭高压电击，可能会导致烧伤、心跳停止或其他严重伤害。在得到停电通知时，要预先关断机器人的主电源及气源。突然停电后，要在来电之前预先关闭机器人的主电源开关，并及时取下夹具上的工件
2	安全距离要求	在调试与运行机器人时，它可能会执行一些意外的或不规范的运动，并且所有的运动都会产生很大的力量，从而严重伤害个人或损坏机器人工作范围内的任何设备。所以应时刻警惕与机器人保持足够的安全距离

表 2.1（续）

序号	安全操作注意事项	操作要点	
3	紧急停止	紧急停止优先于任何其他机器人控制操作,它会断开机器人电动机的驱动电源,停止所有运转部件,切断机器人系统控制且存在潜在危险的部件电源。出现右侧情况时应立即按下紧急停止按钮	(1)机器人运行时,工作区域内有工作人员 (2)机器人伤害了工作人员或损伤了机器设备
4	火灾及静电放电防患	发生火灾时,在确保全体人员安全撤离后再进行灭火,应先处理受伤人员。当电气设备(例如机器人或控制器)起火时,使用二氧化碳灭火器,切勿使用水或泡沫	
		静电放电(ESD)是电势不同的两个物体间的静电传导,它可以通过直接接触传导,也可以通过感应电场传导。搬运部件或部件容器时,未接地的人员可能会传递大量的静电荷。这一放电过程可能会损坏敏感的电子设备,应做好静电放电防护措施	
5	示教器的安全使用	示教器的使用和存放应避免被人踩踏电缆	
		不要摔打、抛掷或重击,这样会导致破损或故障。在不使用该设备时,将它挂到专门存放它的支架上,以防意外掉到地上	
		切勿使用锋利的物体(例如螺钉、刀具或笔尖)操作触摸屏	
		定期清洁触摸屏。灰尘和小颗粒可能会遮挡屏幕,造成故障	
		切勿使用洗涤剂或海绵清洁示教器,应使用软布蘸少量水或中性清洁剂清洁	
		没有连接USB设备时,务必盖上USB端口的保护盖。如果USB端口曝露到灰尘中,那么它会中断或发生故障	
6	工作中的安全注意事项	如果在保护空间内有工作人员,请手动操作机器人系统	
		当进入保护空间时,请准备好示教器,以便随时控制机器人	
		注意旋转或运动的工具,例如切削工具,确保在接近机器人之前这些工具已经停止运动	
		机器人电动机长期运转后温度很高,注意工件和机器人系统的高温表面	
		注意夹具并确保夹好工件,如果夹具打开,工件会脱落并导致人员伤害或设备损坏。夹具非常有力,如果不按照正确方法操作,也会导致人员伤害。当机器人停机时,夹具不应置物,必须空机	
		注意液压、气压系统以及带电部件。即使断电,这些电路上的残余电量也很危险	
7	手动模式下的安全操作注意事项	手动全速模式下,机器人以程序预设速度移动。手动全速模式应仅用于所有人员都处于安全保护空间之外时,而且操作人必须经过培训,熟知潜在的危险;在手动减速模式下,机器人只能减速操作。只要在安全保护空间之内工作,就应始终以手动速度进行操作	
8	自动模式下的安全操作注意事项	自动模式用于在生产中运行机器人程序。在自动模式操作情况下,常规模式停止(GS)机制、自动模式停止(AS)机制和上级停止(SS)机制都将处于活动状态	

二、工业机器人的示教器

1. 示教器简介

示教器是进行机器人的手动操纵、程序编写、参数配置,以及监控用的手持装置,也是机器人的控制装置,是人机交互的接口。其主要功能是处理与机器人系统相关的操作,如运行程序、控制机器人本体、创建和修改机器人程序、确认机器人运行状态及 I/O 配置等。

如图 2.1 所示为示教器的组成图,在示教器上,绝大多数操作都是在触摸屏上完成的,同时也保留了必要的按钮与操作装置。

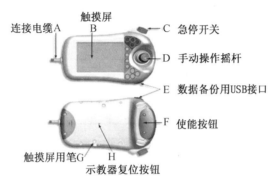

图 2.1 示教器的组成

2. 示教器的操作界面

ABB 机器人示教器的操作界面包含了机器人参数设置、机器人编程及系统相关设置等功能,如图 2.2 所示为示教器的操作界面。比较常用的选项有输入输出、手动操纵、程序编辑器、程序数据、校准和控制面板。操作界面各选项的说明见表 2.2。

图 2.2 示教器的操作界面

表 2.2 操作界面选项说明

选项名称	说明
HotEdit	程序模块下轨迹点位置的补偿设置窗口
输入输出	设置及查看 I/O 视图窗口
手动操纵	动作模式设置、坐标系选择、操纵杆锁定及载荷属性的更改窗口,也可显示实际位置
自动生产窗口	在自动模式下,可直接调试程序并运行
程序编辑器	建立程序模块及例行程序的窗口
程序数据	选择编程时所需程序数据的窗口
备份与恢复	可备份和恢复系统
校准	进行转数计数器和电机校准的窗口
控制面板	进行示教器的相关设定
事件日志	查看系统出现的各种提示信息
资源管理器	查看当前系统的系统文件
系统信息	查看控制器及当前系统的相关信息

3. 示教器的控制面板

ABB 机器人的控制面板包含了对机器人和示教器进行设定的相关功能,如图 2.3 所示为 ABB 工业机器人控制面板界面。控制面板各选项的说明见表 2.3。

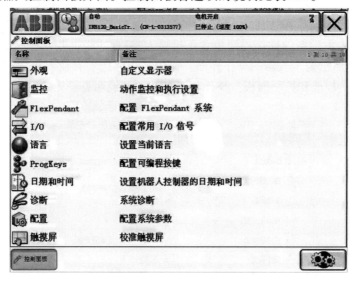

图 2.3 示教器的控制面板界面

表 2.3 控制面板选项说明

选项名称	说明
外观	可自定义显示器的亮度和设置左手或右手的操作习惯
监控	动作碰撞监控设置和执行设置
FlexPendant	示教器操作特性的设置
I/O	配置常用 I/O 列表,在输入输出选项中显示

表 2.3(续)

选项名称	说明
语言	控制器当前语言的设置
ProgKeys	为指定输入输出信号配置快捷键
日期和时间	控制器的日期和时间设置
诊断	创建诊断文件
配置	系统参数设置
触摸屏	触摸屏重新校准

4. 示教器的使能按钮

使能按钮是工业机器人为保证操作人员人身安全而设置的,只有正确按下使能按钮,并保持电机处于开启状态,才可对机器人进行手动的操作与程序的调试。示教器手动上电,首先要保证机器人是在手动运行模式下。将示教器上的使能按钮按下一半时才能启动电机。在完全按下和完全松开时,将无法执行机器人运动。使能按钮的状态见表 2.4。使能按钮的使用需要反复练习,提高熟练程度,找到手感。

表 2.4 使能按钮的状态

示意图	使能按钮状态	电机状态
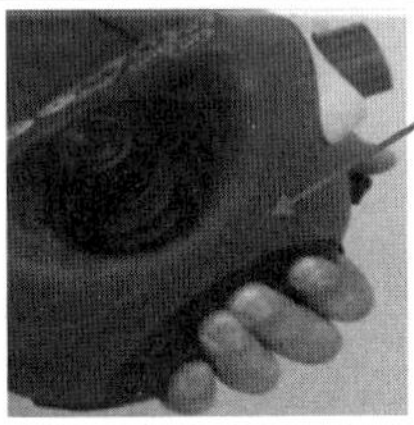 使能按钮	全松	电机停止
	半按	电机启动
	全按	电机停止

【任务实施】

一、任务实施目的

1. 熟悉工业机器人示教器界面;
2. 掌握工业机器人示教器操作环境的配置方法;
3. 掌握 ABB 工业机器人示教器的使用方法;
4. 培养实践动手能力;
5. 深入强化 6S 管理素养。

设置工业机器人系统语言

二、设备和工具

IRB120 型 ABB 工业机器人集成多功能实训台,如图 1.10 所示。

三、任务实施内容

配置工业机器人示教器的操作环境。

【任务考核】

考核项目	考核内容	要求及评分标准	配分	成绩
理论知识	工业机器人的安全操作	工业机器人手动模式下的安全操作注意事项有哪些？	5	
		工业机器人自动模式下的安全操作注意事项有哪些？	5	
	示教器认知与配置	工业机器人示教器的功能有哪些？	5	
		示教器操作界面常用选项包括哪些？	5	
实际操作评定	配置工业机器人示教器的操作环境	熟悉示教器操作界面，正确使用使能开关，操作规范	10	
		正确完成工业机器人语言及时间的设定	10	
		查看工业机器人常用信息和日志	10	
		备份与恢复工业机器人系统	10	
		注销及重启工业机器人系统	10	
		工业机器人转数计数器的更新	10	
文明生产	安全操作	符合安全操作规程	5	
	6S标准执行	工作过程符合6S标准，及时清理维护设备	5	
	团队合作	具备小组间沟通、协作能力	10	
合计			100	
开始时间：		结束时间：		

【习题思考】

1. 工业机器人的运行模式主要分为（　　）和（　　）两大类。
2. 示教器操作界面上的状态栏可以显示机器人的状态，分别为（　　）和（　　）两种状态。
3. 工业机器人如何选择合适的地域和时区，完成系统时间的设置？
4. 工业机器人示教器的功能有哪些？
5. 示教器操作界面的初始语言是什么？如何设置成中文或者其他语言？

任务2　手动操纵工业机器人

【任务目标】

1. 熟知工业机器人各运动轴名称及特点；
2. 熟知工业机器人运行模式的种类；
3. 掌握各运行模式下工业机器人手动操纵方法；

4.熟练完成各种运动模式下工业机器人的手动操纵。

【任务引入】

在熟知工业机器人各运动轴名称及特点、工业机器人三种运行模式的基础上,掌握手动操纵工业机器人的方法,并能熟练完成各种运动模式下工业机器人的手动操纵。

【背景知识】

一、6轴工业机器人各运动轴

工业机器人在生产中的应用,除了其本身的性能特点要满足作业要求外,还需配置相应的外围配套设备,如工件的工装夹具,转动工件的回转台、翻转台,移动工件的移动台等。这些外围设备的运动和位置控制都要与工业机器人相配合,并具有相应的精度。

通常机器人运动轴按其功能可划分为机器人轴、基座轴和工装轴,基座轴和工装轴统称外部轴,如图2.4所示。机器人轴是指机器人操作机(本体)的轴,属于机器人本身。目前商用工业机器人大多采用6轴关节型,如图2.5所示。基座轴是使机器人移动的轴的总称,主要指行走轴(移动滑台或导轨);工装轴是除机器人轴、基座轴以外的轴的总称,指使工件、工装夹具翻转和回转的轴,如回转台、翻转台等。

6轴关节型机器人,顾名思义,其操作机有6个可活动的关节(轴)。如图2.5所示,ABB工业机器人定义为轴1、轴2、轴3、轴4、轴5和轴6。其中轴1、轴2和轴3称为基本轴或主轴,用于保证末端执行器达到工作空间的任意位置;轴4、轴5和轴6称为腕部轴或次轴,用于实现末端执行器的任意空间姿态。

如图2.6所示为机器人各个关节轴运动方向示意图,工业机器人在出厂时,对各关节轴的机械零点进行了设定,对应着工业机器人本体上6个关节轴同步标记,该零点作为各关节轴运动的基准。机器人的关节坐标是各关节独立运动的参考坐标系,以各关节轴的机械零点和规定的运动方向为基准。

图2.4 机器人系统中各运动轴的定义

 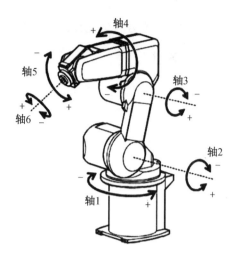

图 2.5　典型机器人操作机运动轴的定义　　图 2.6　关节轴的运动方向示意图

二、工业机器人运行模式的种类及选择

1. 工业机器人的运行模式

工业机器人的运行模式有两种,分别为手动模式和自动模式。有部分工业机器人的手动模式细分为手动减速模式和手动全速模式。手动减速模式下,机器人的运行速度最高只能达到 250 mm/s;手动全速模式下,机器人将按照程序设置的运行速度进行移动。

在手动模式下,既可以单步运行例行程序,又可以连续运行例行程序,运行程序时需一直手动按下使能按钮。

在自动模式下,按下机器人控制柜上电按钮后无须再手动按下使能按钮,机器人依次自动执行程序语句并且以程序语句设定的速度进行移动。

2. 选择工业机器人的运行模式

在手动模式下,可以进行机器人程序的编写、调试,示教点的重新设置等。机器人在示教编程的过程中,只能采用手动模式。在手动模式下,可以有效地控制机器人的运行速度和范围。在手动全速模式下运行程序时,应确保所有人员均处于安全保护空间(机器人运动范围之外)。

机器人程序编写完成,在手动模式下例行程序调试正确后,方可选择使用自动模式。在生产中大多采用自动模式。

3. 工业机器人的手动/自动运行模式的切换

在手动模式下调试好的程序,可以在自动模式下运行。运行模式的切换可以通过调整工业机器人控制器上的模式开关来实现。如图 2.7 所示为控制柜上模式切换开关。手动及自动模式下机器人的状态显示见表 2.5。

机器人运行模式的切换

项目2 工业机器人基本操作

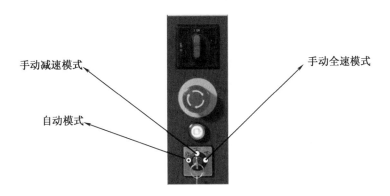

图 2.7 模式切换开关

表 2.5 工业机器人状态显示

示意图	机器人状态
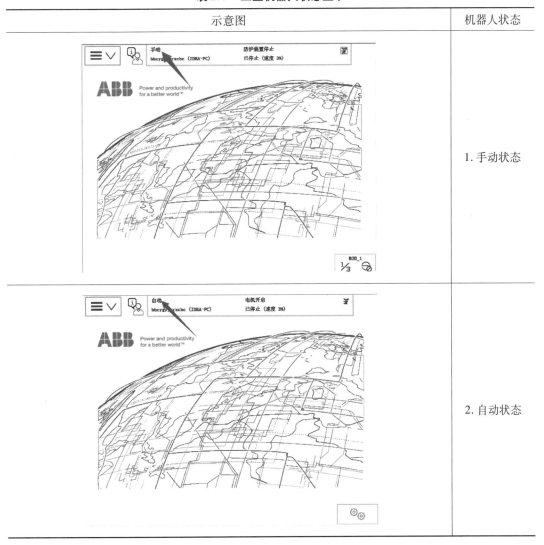	1. 手动状态
	2. 自动状态

· 25 ·

三、工业机器人的手动操纵

手动操纵机器人运动一共有三种模式：单轴运动、线性运动和重定位运动。下面介绍如何手动操纵机器人进行这三种运动。

1. 单轴运动的手动操纵

通常情况下，ABB 工业机器人是由 6 个伺服电机分别驱动机器人的 6 个关节轴，如图 2.6 所示，那么每次手动操纵一个关节轴的运动，就称为单轴运动。

单轴运动是每一个轴都可以单独运动，所以在一些特别的场合使用单轴运动操纵机器人方便快捷。例如，在进行计数器更新时，可以用单轴运动的手动操纵；机器人出现机械限位和软件限位，也就是超出移动范围而停止时，可以利用单轴运动的手动操纵，将机器人移动到合适的位置。相比其他手动操纵模式，使用单轴运动进行粗略的定位和比较大幅度的移动会方便快捷很多。手动操纵单轴运动的方法及步骤见表 2.6。

表 2.6 手动操纵单轴运动的方法及步骤

操作步骤示意图	操纵步骤说明
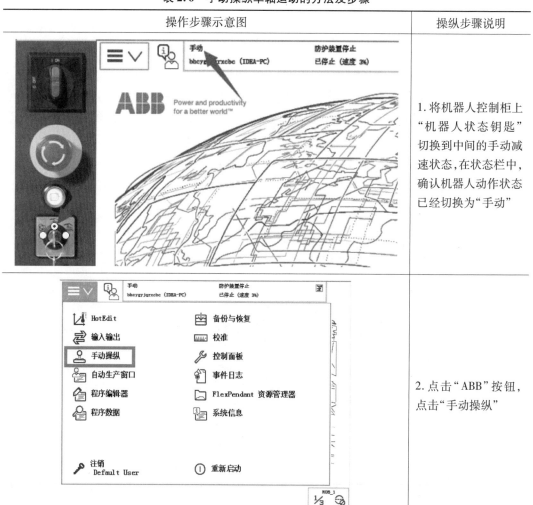	1. 将机器人控制柜上"机器人状态钥匙"切换到中间的手动减速状态，在状态栏中，确认机器人动作状态已经切换为"手动"
	2. 点击"ABB"按钮，点击"手动操纵"

表2.6(续)

操作步骤示意图	操纵步骤说明
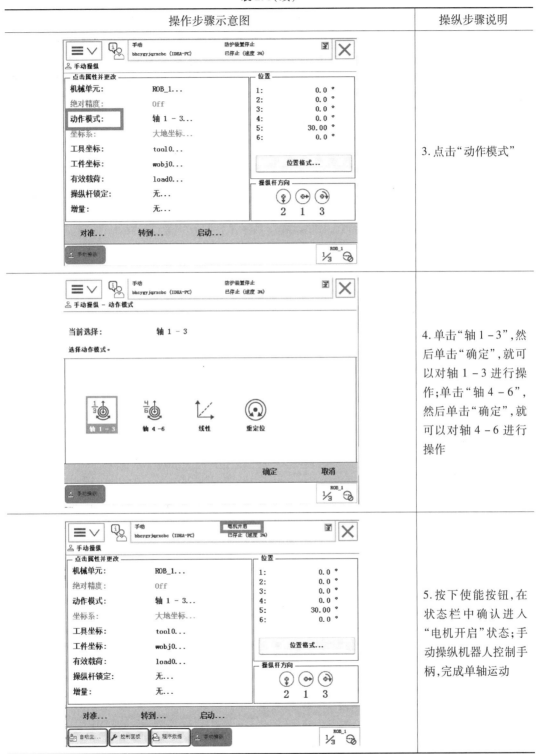	3. 点击"动作模式" 4. 单击"轴1-3",然后单击"确定",就可以对轴1-3进行操作;单击"轴4-6",然后单击"确定",就可以对轴4-6进行操作 5. 按下使能按钮,在状态栏中确认进入"电机开启"状态;手动操纵机器人控制手柄,完成单轴运动

2. 线性运动的手动操纵

工业机器人的线性运动是指安装在机器人第6轴法兰盘上工具的TCP(工具坐标系中心点)在空间中做线性运动。坐标线性运动时要指定坐标系、工具坐标、工件坐标。坐标系包括大地坐标、基坐标、工具坐标、工件坐标。工具坐标指定了TCP点位置,坐标系指定了TCP点在哪个坐标系中运行。工件坐标指定TCP点在哪个工件坐标系中运行,当坐标系选择了工件坐标时,工件坐标才生效。线性运动是工具的TCP在空间的X、Y、Z方向的线性运动,移动的幅度较小,适合较为精确的定位和移动。手动操纵线性运动的方法及步骤见表2.7。

表2.7 手动操纵线性运动的方法及步骤

操作步骤示意图	操纵步骤说明
	1. 点击"ABB"按钮,单击"手动操纵"
	2. 点击"动作模式"

表 2.7(续)

操作步骤示意图	操纵步骤说明
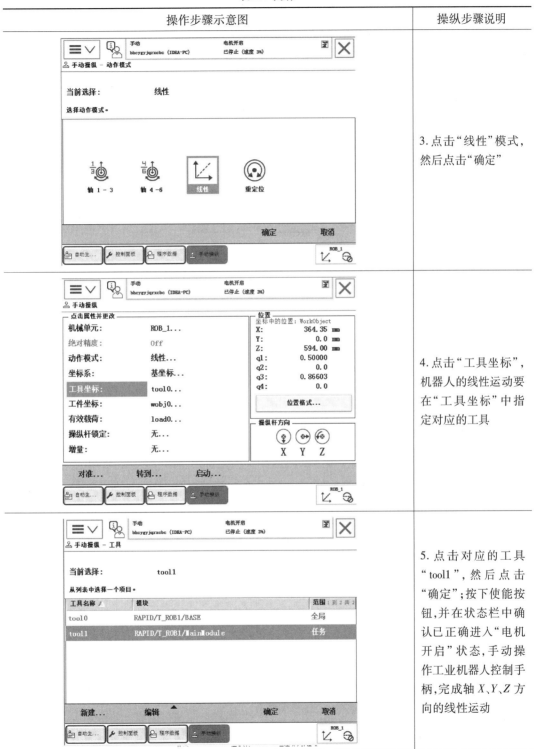	3. 点击"线性"模式，然后点击"确定" 4. 点击"工具坐标"，机器人的线性运动要在"工具坐标"中指定对应的工具 5. 点击对应的工具"tool1"，然后点击"确定"；按下使能按钮，并在状态栏中确认已正确进入"电机开启"状态，手动操作工业机器人控制手柄，完成轴 X、Y、Z 方向的线性运动

3. 重定位运动的手动操纵

工业机器人的重定位运动是指机器人第 6 轴法兰盘上的工具 TCP 点在空间中绕着坐

标轴旋转的运动,也可以理解为机器人绕着工具 TCP 点做姿态调整的运动。重定位运动的手动操纵是全方位的移动和调整。手动操纵重定位运动的方法及步骤见表 2.8。

表 2.8 手动操纵重定位运动的方法及步骤

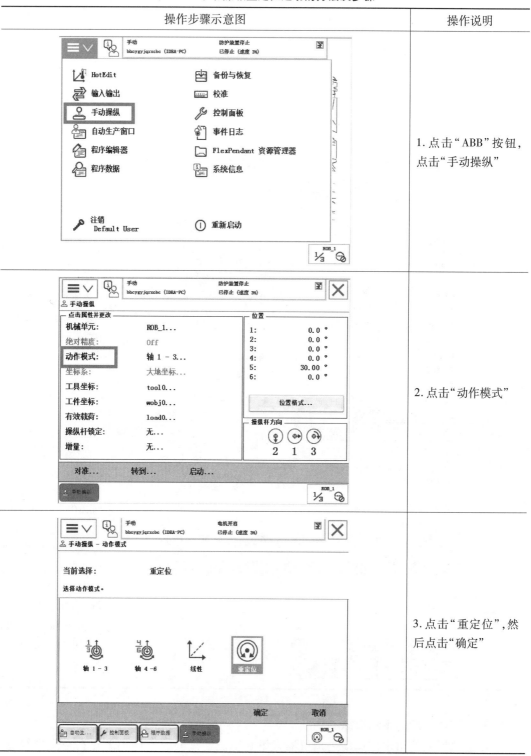

表 2.8(续)

操作步骤示意图	操作说明
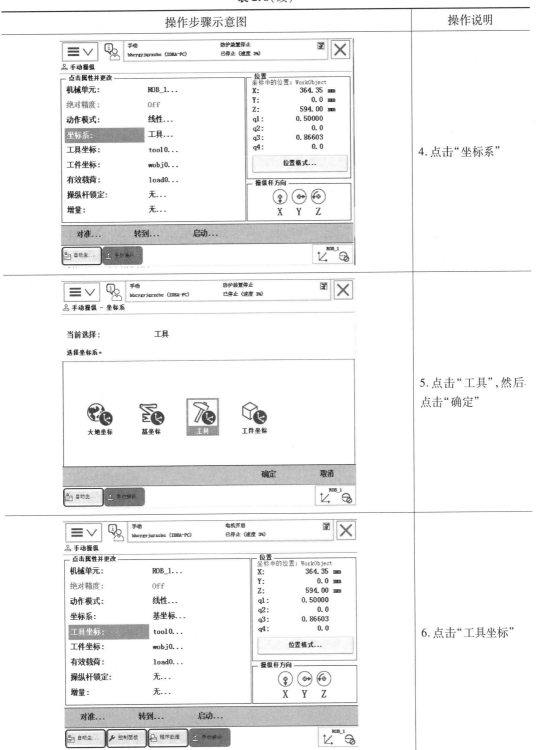	4. 点击"坐标系"
	5. 点击"工具",然后点击"确定"
	6. 点击"工具坐标"

表 2.8(续)

操作步骤示意图	操作说明
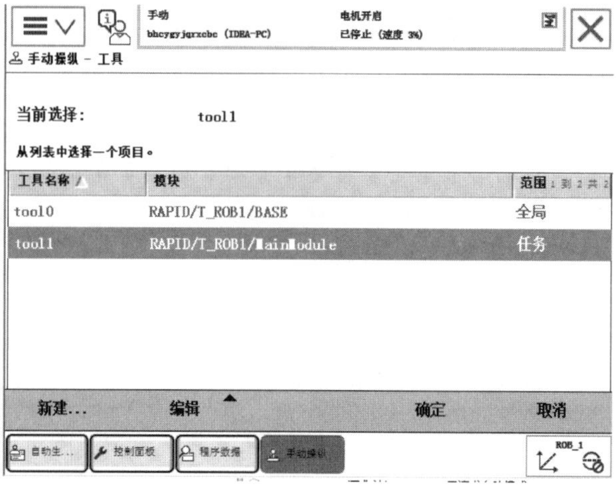 (界面截图)	7.点击正在使用的工具"tool1",然后点击"确定";按下使能按钮,并在状态栏中确认已正确进入"电机开启"状态,手动操作工业机器人控制手柄,完成机器人绕着TCP做姿态调整运动

【任务实施】

一、任务实施目的

1.熟知工业机器人各运动轴;
2.熟知工业机器人三种运行模式;
3.掌握各运行模式下工业机器人手动操纵方法;
4.能够熟练完成三种模式下工业机器人的手动操纵;
5.培养实践动手能力;
6.深入强化6S管理素养。

工业机器人三种运动模式

二、设备和工具

IRB120型ABB工业机器人集成多功能实训台,如图1.10所示。

三、任务实施内容:手动操纵工业机器人

三种运动模式下手动操纵工业机器人。

【任务考核】

考核项目	考核内容	要求及评分标准	配分	成绩
理论知识	工业机器人运动轴及运行模式	工业机器人各运动轴分类及名称	5	
		工业机器人各运动轴特点	5	
		工业机器人运行模式的种类	5	
	手动操纵	简述各运行模式下工业机器人手动操纵方法	15	

表(续)

考核项目	考核内容	要求及评分标准	配分	成绩
实际操作评定	手动操纵工业机器人	单轴运动模式下工业机器人的手动操纵	15	
		线性运动模式下工业机器人的手动操纵	15	
		重定位运动模式下工业机器人的手动操纵	10	
文明生产	安全操作	符合安全操作规程	10	
	6S标准执行	工作过程符合6S标准,及时清理维护设备	10	
	团队合作	具备小组间沟通、协作能力	10	
合计			100	
开始时间:		结束时间:		

【习题思考】

1. 在手动模式下,可以进行机器人程序的(　　)、(　　)和(　　)等。
2. 不同关节轴之间的运动如何实现快速切换?
3. 如何实现不同运行模式之间的切换?
4. 手动模式下如何设置工业机器人的步进速度?

任务3 工业机器人坐标系的设置

【任务目标】

1. 熟知工业机器人坐标系的种类及定义;
2. 认知工具数据tooldata,掌握工具数据tooldata的设定方法;
3. 认知工件数据wobjdata,掌握工件数据wobjdata的设定方法;
4. 掌握外部固定工具的测量与活动工件坐标系的标定方法。

【任务引入】

在熟知工业机器人坐标系种类的基础上,认知工具数据tooldata和工件数据wobjdata,理解其含义,掌握外部固定工具的测量与活动工件坐标系的标定方法,并能够掌握工具数据和工件数据的设定方法。

【背景知识】

一、工业机器人坐标系种类

坐标系是从一个被称为原点的固定点通过轴定义的平面或空间。机器人目标和位置是通过沿坐标系轴的测量来定位。在机器人系统中可使用若干坐标系,每一坐标系都适用于特定类型的控制或编程。机器人系统常用的坐标系有大地坐标系、基坐标系、工具坐系和工件坐标系,它们均属于笛卡儿坐标系。

1. 大地坐标系

大地坐标系在机器人的固定位置有其相应的零点,是机器人出厂默认的,一般位于机器人底座上。大地坐标系有助于处理多个机器人或由外部轴移动的机器人的相对位置关系。

2. 基坐标系

基坐标系一般位于机器人基座,是便于机器人本体从一个位置移动到另一个位置的坐标系,常应用于机器人扩展轴。在默认情况下,大地坐标系与基坐标系是一致的,如图2.8所示。一般地,当操作人员正向面对机器人并在基坐标系下进行线性运动时,操纵杆向前和向后使机器人沿 X 轴移动;操纵杆向两侧使机器人沿 Y 轴移动;旋转操纵杆使机器人沿 Z 轴移动。

3. 工具坐标系

工具坐标系(tool center point frame,TCPF)将机器人第6轴法兰盘上携带工具的参照中心点设为坐标系原点,创建一个坐标系,如图2.9所示。该参照点称为TCP(tool center point),即工具中心点。TCP与机器人所携带的工具有关,机器人出厂时末端未携带工具,此时机器人默认的TCP为第6轴法兰盘中心点。工具坐标系的方向也与机器人所携带的工具有关,一般定义坐标系的 X 轴与工具的工作方向一致。

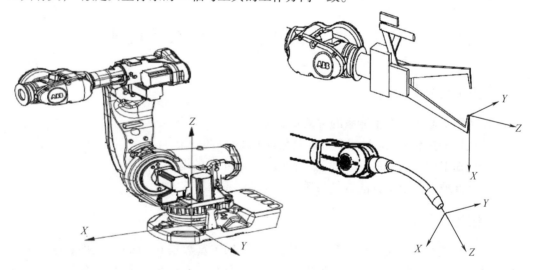

图2.8 工业机器人基坐标系　　图2.9 工业机器人工具坐标系

4. 工件坐标系

工件坐标系对应工件,其定义位置是相对于大地坐标系(或其他坐标系)的位置,如图2.10所示。机器人可以拥有若干工件坐标系,或者表示不同工件,或者表示同一工件在不同位置的若干副本。

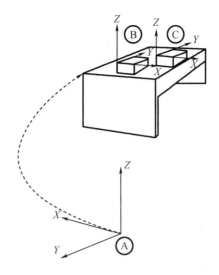

图 2.10 工业机器人工件坐标系

二、工具坐标系

1. 工具数据的定义

工业机器人用于定义工具坐标系的数据是工具数据(tooldata),它是机器人系统的一个程序数据类型,出厂默认的工具坐标系数据被存储在命名为"tool0"的工具数据中,编辑工具数据可以对相应的工具坐标系进行修改。使用预定义方法,即设定工具坐标系时,在操纵机器人过程中,系统自动将表中的数值填写到示教器中。如果已知工具的测量值,则可以在设定 tooldata 的示教器界面中对应的设置参数下输入这些数值,以设定其工具坐标系。

2. 工具数据 tooldata 的设定方法

为了让机器人以用户所需要的坐标系原点和方向为基准进行运动,用户可以自由定义工具的坐标系。工具坐标系定义即定义工具坐标系的中心点 TCP 及坐标系各轴方向,其设定方法见表 2.9。

表 2.9 工具数据 tooldata 的设定方法

定义方法	操作步骤
"N 点"法(3≤N≤9)	机器人工具的 TCP 通过 N 种不同的姿态同参考点接触,得出多组解,通过计算得出当前工具 TCP 与机器人安装法兰中心点(默认 TCP)相对位置,其坐标系方向与默认工具坐标系(tool0)一致
"TCP 和 Z"法	在"N 点"法基础上,增加 Z 点与参考点的连线为坐标系 Z 轴的方向,改变了默认工具坐标系的 Z 方向
"TCP 和 Z、X"法	在"N 点"法基础上,增加 X 点与参考点的连线为坐标系 X 轴的方向,Z 点与参考点的连线为坐标系 Z 轴的方向,改变了默认工具坐标系的 X 和 Z 方向

机器人设定工具坐标系的方法通常采用"TCP 和 Z、X"法（$N=4$）。其设定方法如下：

(1) 首先在机器人工作范围内找一个精确的固定点作为参考点。

(2) 然后在工具上确定一个参考点（此点作为工具坐标系的 TCP，最好是工具的中心点）。

(3) 手动操纵机器人，以 4 种不同的姿态将工具上的参考点尽可能与固定点刚好重合接触。机器人前 3 个点的姿态相差尽量大一些，这样有利于 TCP 精度的提高。为获得更准确的 TCP，第 4 点是用工具的参考点垂直于固定点，第 5 点是工具参考点从固定点向将要设定为 TCP 的 X 方向移动，第 6 点是工具参考点从固定点向将要设定为 TCP 的 Z 方向移动。

(4) 机器人通过这几个位置点的位置数据确定工具坐标系 TCP 的位置和坐标系的方向数据，然后将工具坐标系的这些数据保存在数据类型 tooldata 的程序数据中，被程序进行调用。

以"TCP 和 Z、X"法（$N=4$）建立一个新的工具数据 tool1 为例，操作方法及步骤见表 2.10。

表 2.10　设定工具数据 tooldata 的操作方法及步骤

操作过程示意图	操作步骤说明
	1. 点击图示的示教器左上角，进入主菜单
	2. 按照图示，点击"手动操纵"选项，即可进入"手动操纵"界面

表2.10(续)

操作过程示意图	操作步骤说明
	3. 在"手动操纵"界面中点击"工具坐标"选项,即可进入"手动操纵—工具"界面 4. 按照图示点击"新建..."按钮,即可进入"新建数据"声明界面,新建工具坐标系 5. 如左图所示,在"新数据声明"界面中,如需更改名称,点击后面的"..."按钮,系统会弹出键盘,用户可自行定义名称,然后根据需求对工具数据属性进行设定,最后点击"确定"

表 2.10(续)

操作过程示意图	操作步骤说明
	6. 除此方法外,还可以点击"主菜单"按钮。在主界面点击"程序数据"
	7. 选择"tooldata",点击"显示数据"
	8. 点击如图所示的"新建…"按钮。如需更改名称,点击"…"按钮,可自行定义名称

表 2.10(续)

操作过程示意图	操作步骤说明
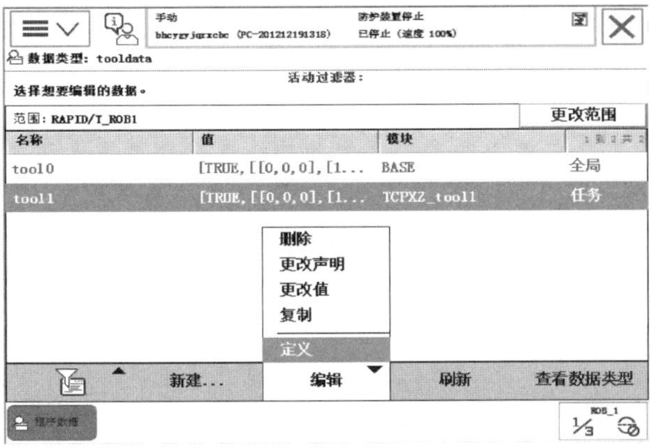	9. 选中新建的"tool1",点击"编辑"菜单,然后点击"定义..."命令
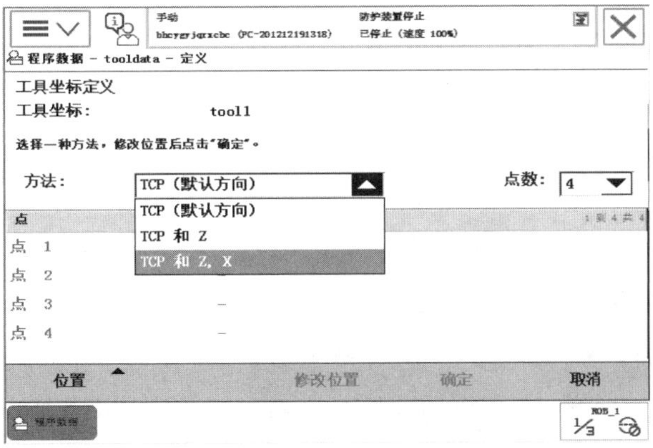	10. 在定义方法中选择"TCP 和 Z,X"6 点法来设定 TCP,其中"TCP(默认方向)"即为 4 点法设定 TCP,"TCP 和 Z"即为 5 点法设定 TCP
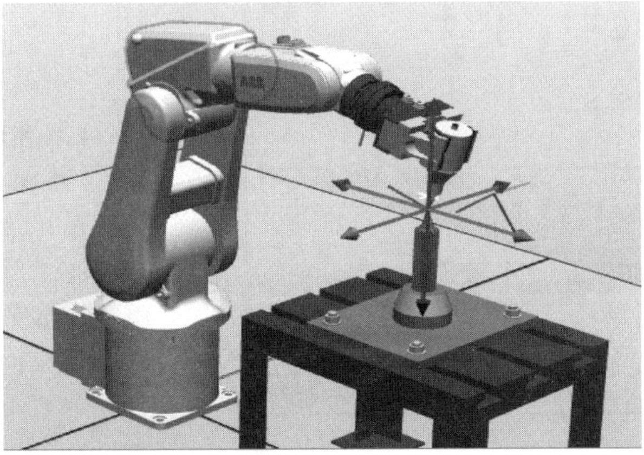	11. 按下示教器的使能键,操控机器人以任意姿态使工具参考点(即笔尖)靠近并接触 TCP 固定参考点(即尖锥尖端),把当前位置作为第 1 点

表 2.10(续)

操作过程示意图	操作步骤说明
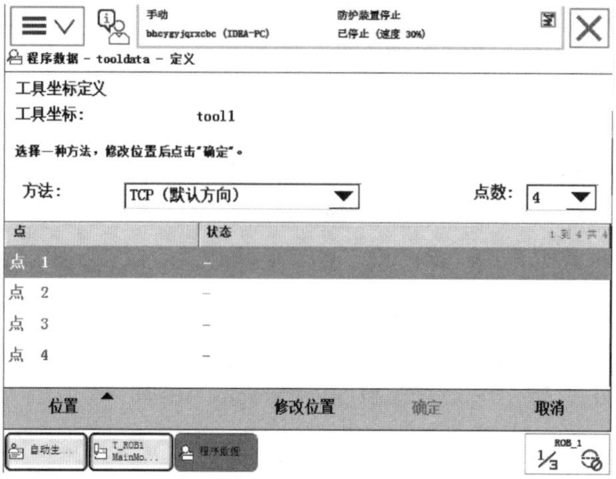 (示教器界面：工具坐标定义，方法 TCP(默认方向)，点数 4，点1~点4)	12. 按照图示在示教器操作界面，选中"点1",然后点击"修改位置"按钮保存当前位置
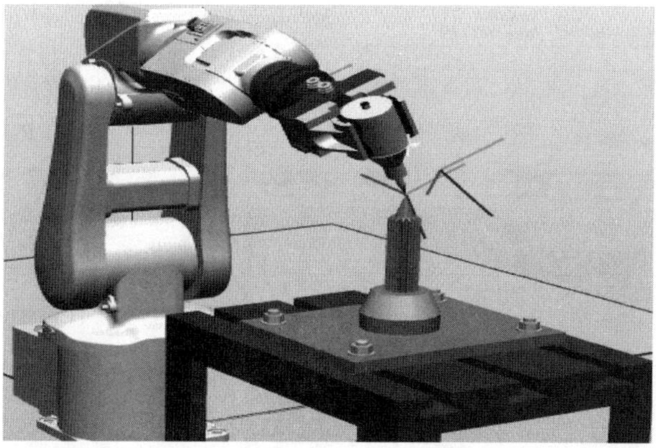 (机器人姿态图)	13. 操控机器人变换另一种姿态使工具参考点(即笔尖)靠近并接触TCP固定参考点(即尖锥尖端)，把当前位置作为第2点(机器人姿态变化越大，TCP点的标定越精准)
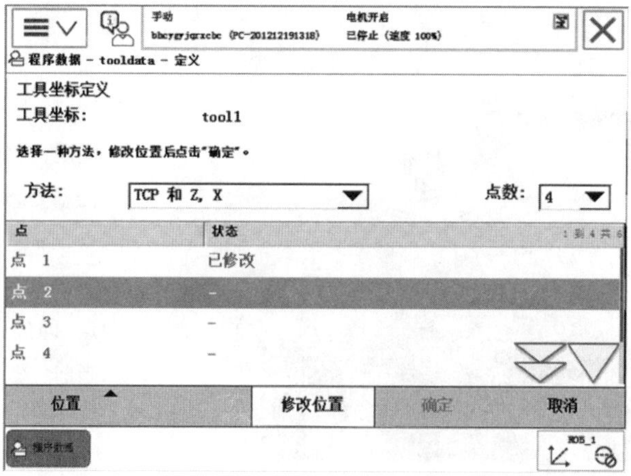 (示教器界面：工具坐标定义，方法 TCP 和 Z, X，点数 4，点1 已修改)	14. 按照图示在示教器操作界面，选中"点2",然后点击"修改位置"按钮保存当前位置

表 2.10(续)

操作过程示意图	操作步骤说明
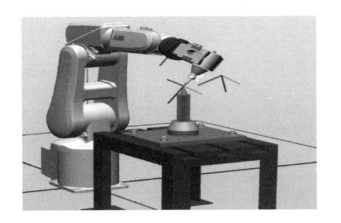	15. 操控机器人再变换一种姿态使工具参考点(即笔尖)靠近并接触 TCP 固定参考点(即尖锥尖端),把当前位置作为第 3 点(机器人姿态变化越大,TCP 点的标定越精准)
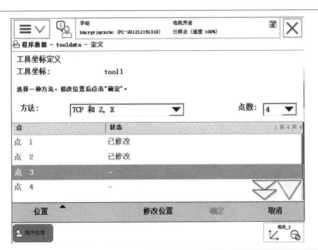	16. 按照图示在示教器操作界面,选中"点3",然后点击"修改位置"按钮保存当前位置
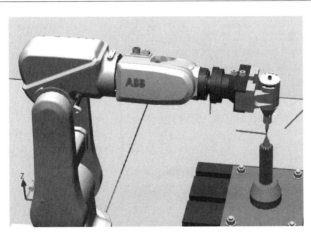	17. 操控机器人使工具参考点(即笔尖)接触并垂直 TCP 固定参考点(即尖锥尖端),把当前位置作为第 4 点

表 2.10(续)

操作过程示意图	操作步骤说明
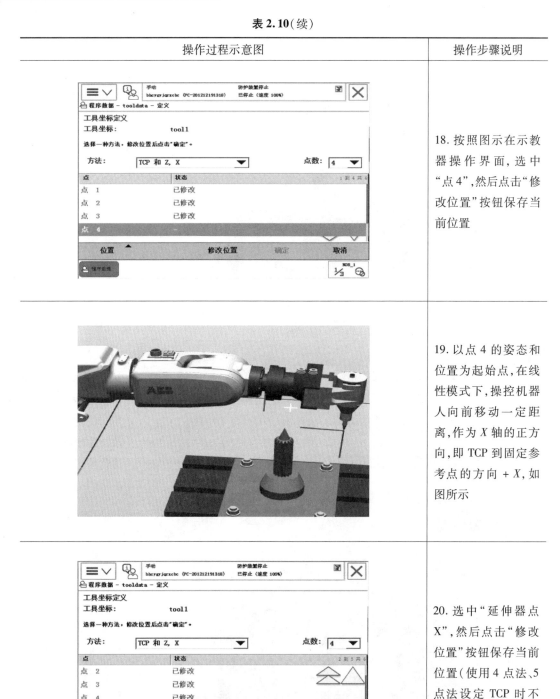	18. 按照图示在示教器操作界面,选中"点 4",然后点击"修改位置"按钮保存当前位置
	19. 以点 4 的姿态和位置为起始点,在线性模式下,操控机器人向前移动一定距离,作为 X 轴的正方向,即 TCP 到固定参考点的方向 $+X$,如图所示
	20. 选中"延伸器点 X",然后点击"修改位置"按钮保存当前位置(使用 4 点法、5 点法设定 TCP 时不用设定此点)

表 2.10(续)

操作过程示意图	操作步骤说明
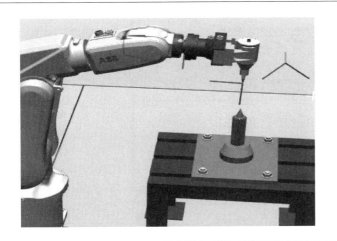	21. 以点 4 为固定点，在线性模式下，操控机器人向上移动一定距离，作为 Z 轴的正方向，即 TCP 到固定参考点的方向 +Z，如图所示
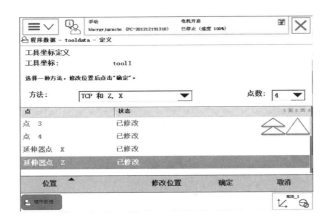	22. 选中"延伸器点 Z"，然后点击"修改位置"按钮保存当前位置（使用 4 点法、5 点法设定 TCP 时不用设定此点）
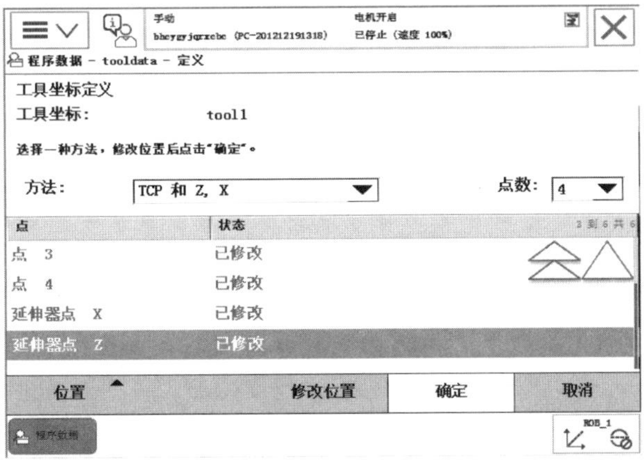	23. 点击"确定"按钮完成 TCP 点定义

表 2.10(续)

操作过程示意图	操作步骤说明
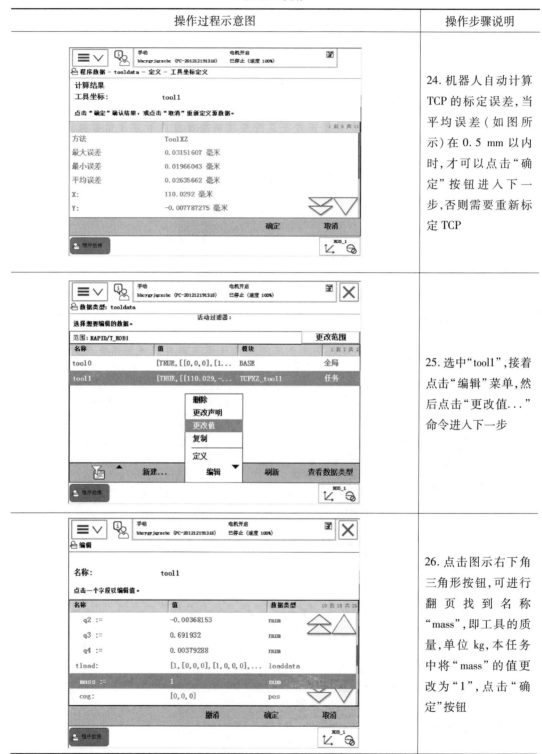	24. 机器人自动计算 TCP 的标定误差,当平均误差(如图所示)在 0.5 mm 以内时,才可以点击"确定"按钮进入下一步,否则需要重新标定 TCP
	25. 选中"tool1",接着点击"编辑"菜单,然后点击"更改值…"命令进入下一步
	26. 点击图示右下角三角形按钮,可进行翻页找到名称"mass",即工具的质量,单位 kg,本任务中将"mass"的值更改为"1",点击"确定"按钮

表 2.10(续)

操作过程示意图	操作步骤说明
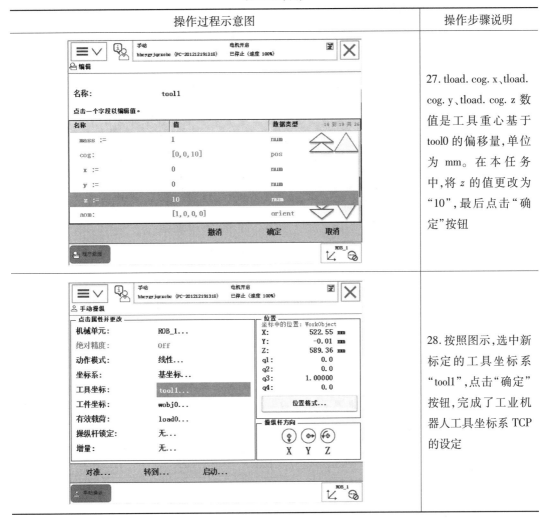	27. tload.cog.x、tload.cog.y、tload.cog.z 数值是工具重心基于 tool0 的偏移量,单位为 mm。在本任务中,将 z 的值更改为"10",最后点击"确定"按钮
	28. 按照图示,选中新标定的工具坐标系"tool1",点击"确定"按钮,完成了工业机器人工具坐标系 TCP 的设定

三、工件坐标系

1. 工件数据的定义

对机器人进行编程,就是在工件坐标之间创建目标和路径。这将带来很多优点:

(1)重新定位工作站中的工件时,只需更改工件坐标的位置,所有路径将随之更新。

(2)允许操作以外部轴或传送导轨移动的工件,因为整个工件可连同其路径一起移动。

在工件对象的平面上,只需要定义三个点,就可以建立一个工件坐标。正确设定工件坐标的必要性如图 2.11 所示。

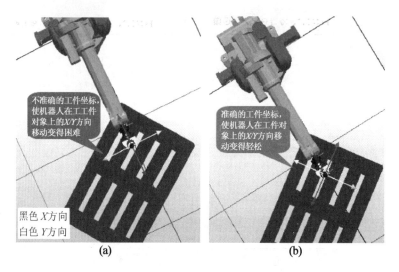

图 2.11 正确设定工件坐标的必要性

(a)不准确的工件坐标;(b)准确的工件坐标

2. 工件数据 wobjdata 的设定方法

如前面图 2.10 所示,A 是机器人的大地坐标系,为了方便编程,给第一个工件建立了一个工件坐标 B,并在这个工件坐标 B 中进行轨迹编程。如果台上还有一个同样的工件需要走一样的轨迹,那只需建立一个工件坐标 C,将工件坐标 B 中的轨迹复制一份,然后将工件坐标从 B 更新为 C,则无须对同样的工件进行重复轨迹编程了。

如图 2.12 所示,如果在工件坐标 B 中对 A 对象进行了轨迹编程,当工件坐标位置变化成工件坐标 D 后,只需在机器人系统重新定义工件坐标 D,则机器人的轨迹就自动更新到 C,不需要再次轨迹编程。因 A 相对于 B,C 相对于 D 的关系是一样的,并没有因为整体偏移而发生变化。

在对面的平面上,只需要定义三个点,就可以建立一个工件坐标,并且工件坐标符合右手定则。如图 2.13 所示,其中 X1 为工件的原点,X1、X2 确定工件坐标 X 正方向,Y1 确定坐标 Y 正方向。

以"TCP 和 Z、X"法($N=4$)建立一个新的工具数据 tool1 为例,操作方法及步骤见表 2.11。

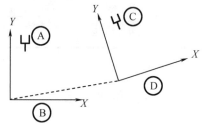

图 2.12 工件坐标系的偏移

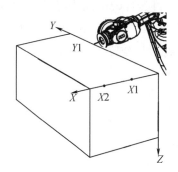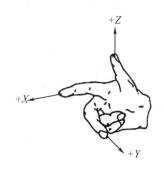

图 2.13 定义工件坐标系的原理

表 2.11 设定工具数据 tooldata 的操作方法及步骤

操作过程示意图	操作步骤说明
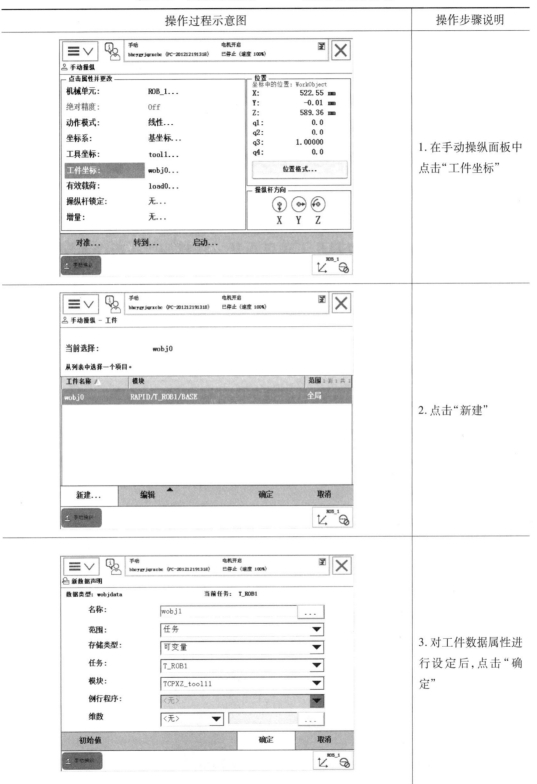	1. 在手动操纵面板中点击"工件坐标" 2. 点击"新建" 3. 对工件数据属性进行设定后,点击"确定"

表 2.11(续)

操作过程示意图	操作步骤说明
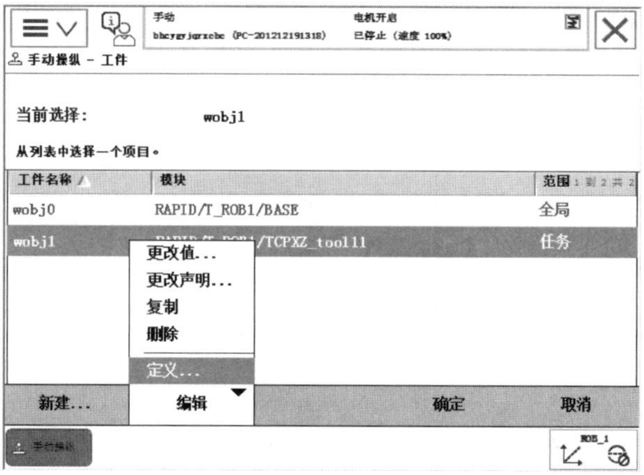	4. 打开"编辑"菜单，点击"定义"
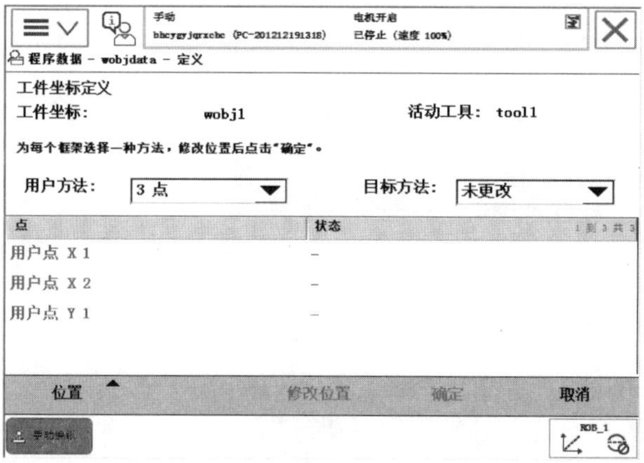	5. 将用户方法设定为"3 点"
	6. 手动操纵机器人的工具参考点靠近定义工件坐标的 X1 点

表 2.11(续)

操作过程示意图	操作步骤说明
	7. 点击"修改位置",将 X1 点记录下来 8. 手动操纵机器人的工具参考点靠近定义工件坐标的 X2 点 9. 点击"修改位置",将 X2 点记录下来

表 2.11(续)

操作过程示意图	操作步骤说明
	10. 手动操纵机器人的工具参考点靠近定义工件坐标的 Y1 点
	11. 在示教器中完成 Y1 位置修改,点击"确定"
	12. 对工件位置进行确认后,点击"确定"

表 2.11(续)

操作过程示意图	操作步骤说明
	13. 点击"wobj1",然后点击"确定"
	14. 按照图示的设置,坐标系选择创建的工件坐标系,使用线性动作模式,观察在工件坐标系下移动的方式

四、机器人外部固定工具的测量

测量外部固定工具通常采用"TCP 和 Z,X"6 点法,即确定外部 TCP 相对于基坐标系(默认为 wobj0)原点的位置和根据外部 TCP 确定该坐标系的姿态。设置步骤如下:

1. 确定外部固定工具 TCP

首先以已测量工具为参考工具,然后在固定工具上确定一个参考点(最好是工具的中心点),使用手动操纵机器人的方法,使已测工具上的参考点以四种不同的机器人姿态靠近固定工具上的参考点来固定外部 TCP 相对于基坐标系(默认为 wobj0)的位置,如图 2.14 所示。

图 2.14　以不同姿态靠近固定工具参考点

2. 确定外部工具的姿态

当确定好 TCP 位置后,还需要确定其姿态方向。利用 Z 和 X 方向上的点确定坐标系,方法如下:

(1)使已测量工具参考点从固定工具参考点沿设定的 Z 方向移动(距离最好大于 100 m),确定坐标系的 Z 轴。

(2)使已测量工具参考点从固定工具参考点沿设定的 X 方向移动(距离最好大于 100 m),确定坐标系的 X 轴。

以已测工具(尖触头 1,名称为 tool1)为参照工具,按照外部固定工具的测量方法测定外部固定工具(尖触头 2,名称设为 tool2),如图 2.15 所示,图 2 – 15(a)为尖触头 1,图 2 – 15(b)为尖触头 2。外部固定工具测量的具体操作方法及步骤见表 2.12。

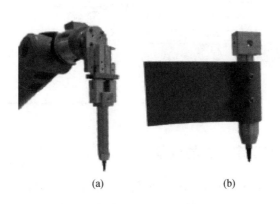

(a)　　　　　　(b)

图 2.15　参照工具与外部固定工具

(a)尖触头 1;(b)尖触头 2

项目2 工业机器人基本操作

表 2.12 外部固定工具的测量方法及步骤

操作过程示意图	操作步骤说明
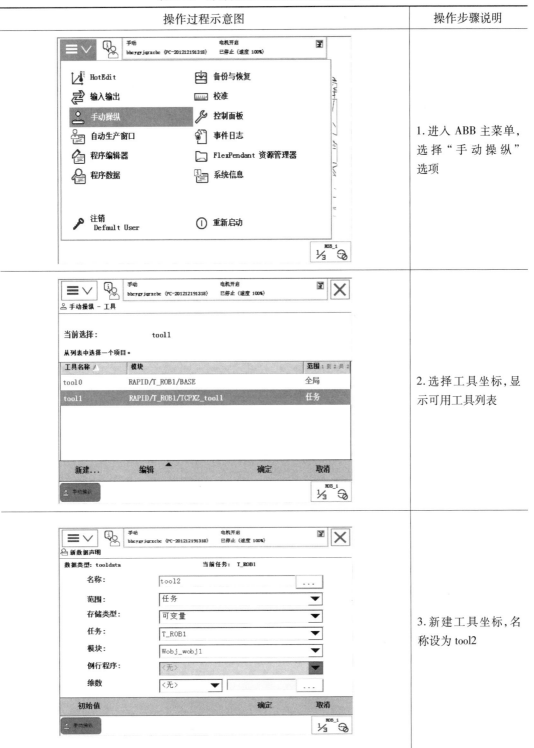	1. 进入 ABB 主菜单，选择"手动操纵"选项
	2. 选择工具坐标，显示可用工具列表
	3. 新建工具坐标，名称设为 tool2

表 2.12(续)

操作过程示意图	操作步骤说明
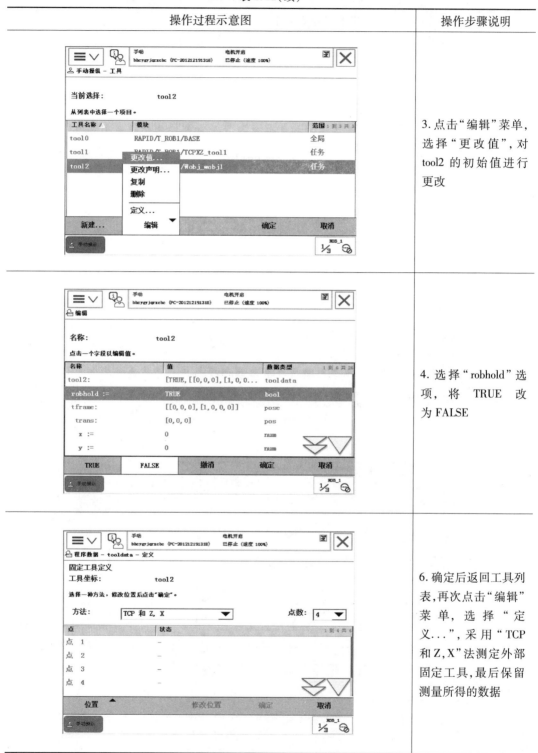	3. 点击"编辑"菜单，选择"更改值"，对 tool2 的初始值进行更改
	4. 选择"robhold"选项，将 TRUE 改为 FALSE
	6. 确定后返回工具列表，再次点击"编辑"菜单，选择"定义..."，采用"TCP 和 Z,X"法测定外部固定工具，最后保留测量所得的数据

五、由工业机器人引导的活动工件的测量

以已测量的外部固定工具(tool2)为参考工具,按照工件的测量方法(3 点法),测定由机器人引导的活动工件的坐标系(名称设为 wobj2),并将测量数据进行保存。如图 2.16 所示,图(a)为已测外部工具尖触头 2(tool2),图(b)为待测由机器人引导的活动工件(wobj2)。表 2.13 为测量由机器人引导的活动工件的前提条件。

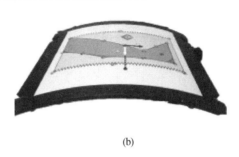

(a)　　　　　　　　　　　　　　　(b)

图 2.16　活动工件的坐标系

表 2.13　测量由机器人引导的活动工件的前提条件

序号	测量由机器人引导的活动工件的前提条件
1	工件安装在法兰上
2	外部固定工具已测定
3	确定工件位置的点均在机器人可达范围内

其测量原理是:

(1)将活动工件的原点移至外部固定工具的 TCP 处,确定工件坐标系的原点,如图 2.17 所示。

(2)将活动工件 $+X$ 方向上一点移至外部固定工具的 TCP 处,确定坐标系的 X 轴方向,如图 2.18 所示。

(3)将活动工件 $+Y$ 方向上一点移至外部固定工具的 TCP 处,确定坐标系的 Y 轴方向,如图 2.19 所示。

图 2.17　确定工具坐标的原点　　图 2.18　确定坐标系的 X 轴方向　　图 2.19　确定坐标系的 Y 轴方向

(4)测量完成后确认并保存测量数据。对外部固定工具进行测量的具体操作方法及步骤见表 2.14。

表 2.14 活动工件测量的方法及步骤

操作过程示意图	操作步骤说明
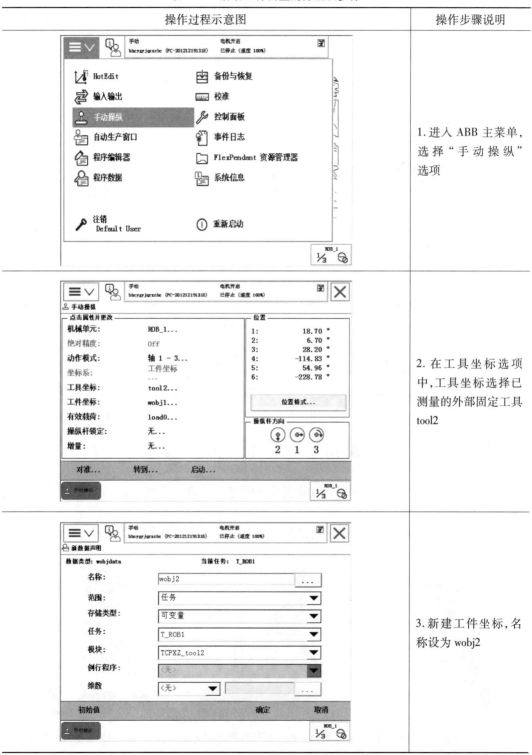	1. 进入 ABB 主菜单，选择"手动操纵"选项 2. 在工具坐标选项中，工具坐标选择已测量的外部固定工具 tool2 3. 新建工件坐标，名称设为 wobj2

项目2 工业机器人基本操作

表 2.14（续）

操作过程示意图	操作步骤说明
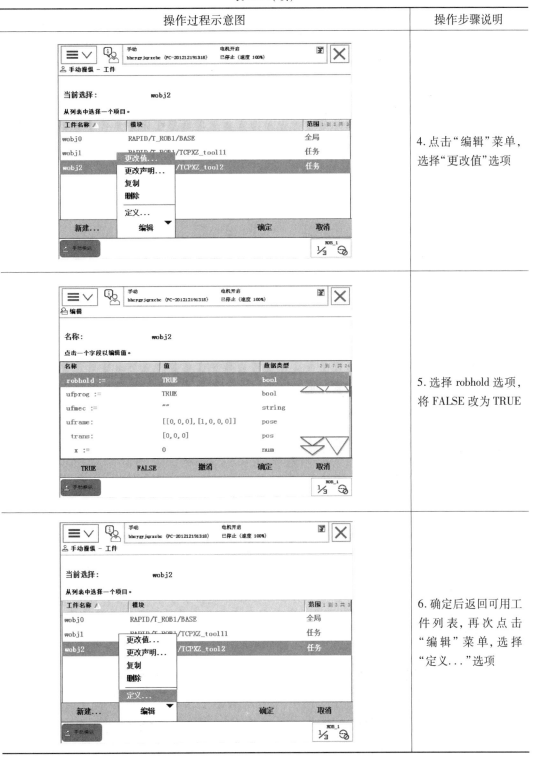	4. 点击"编辑"菜单，选择"更改值"选项
	5. 选择 robhold 选项，将 FALSE 改为 TRUE
	6. 确定后返回可用工件列表，再次点击"编辑"菜单，选择"定义…"选项

· 57 ·

表 2.14(续)

操作过程示意图	操作步骤说明
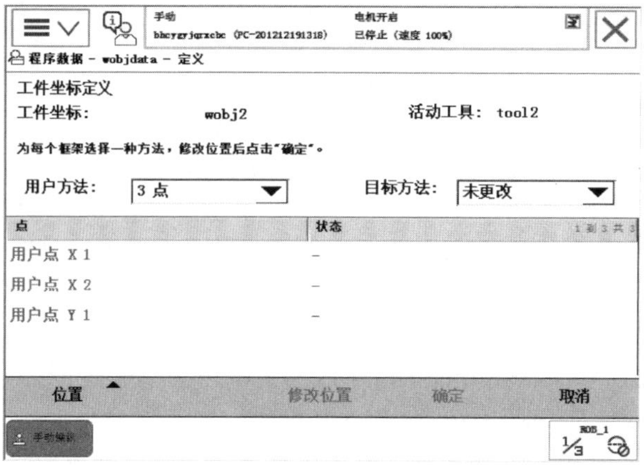	7.使用工件测量的方法(3点法)进行操作,确定后保存测量的数据

【任务实施】

一、任务实施目的

1. 熟知工业机器人的坐标系种类;
2. 理解工业机器人工具数据与工件数据的含义;
3. 掌握工业机器人工具坐标系创建方法;
4. 掌握工业机器人工件坐标系创建方法;
5. 培养实践动手能力;
6. 深入强化 6S 管理素养。

二、设备和工具

IRB120 型 ABB 工业机器人集成多功能实训台,如图 1.10 所示。

三、任务实施内容

1. 设置工具坐标系,并对其进行标定;
2. 设置工件坐标系,用三点法建立一个新的工件数据 wobjdata1。

设置工具坐标系

设置工件坐标系

项目2 工业机器人基本操作

【任务考核】

考核项目	考核内容	要求及评分标准	配分	成绩
理论知识	工业机器人工具数据	工具数据的定义	5	
		创建工具数据的原理	10	
	工业机器人工件数据	工件数据的定义	5	
		创建工件数据的原理	10	
	工具坐标测量	测量外部固定工具通常采用什么方法	10	
实际操作评定	工业机器人工具坐标	正确创建工业机器人工具坐标系,并进行标定	15	
	工业机器人工件坐标	正确创建工业机器人工件坐标系	15	
文明生产	安全操作	符合安全操作规程	10	
	6S 标准执行	工作过程符合 6S 标准,及时清理维护设备	10	
	团队合作	具备小组间沟通、协作能力	10	
		合计	100	
开始时间:		结束时间:		

【习题思考】

1. 工业机器人有哪几种坐标系?
2. 什么是 TCP?
3. 工具数据 tooldata 的设定方法有哪几种?
4. 创建工件坐标系的方法叫作什么?
5. 测量外部固定工具通常采用什么方法?
6. 标定活动工件坐标系需要哪些工具?
7. 测量由机器人引导的活动工件的前提条件是什么?

拓展知识

工业机器人在智能制造中的应用——搬运机器人

搬运机器人技术是机器人技术、搬运技术和传感技术的融合。目前搬运机器人已广泛应用于实际生产,发挥其强大和优越的特性。经过研发人员不断的努力,搬运机器人技术取得了长足进步,可实现柔性化、无人化、一体化搬运工作,集高效生产、稳定运行、节约空间等优势于一体,展现出搬运机器人强大的功能。现从机器人、传感技术及应用日益广泛的 AGV 搬运车等方面介绍搬运机器人技术的新进展。

一、机器人系统

搬运机器人的出现为全球经济发展带来了巨大动力,使得整个制造业逐渐向"柔性化、无人化"发展,目前机器人技术已日趋完善,逐渐实现规模化与产业化,未来将朝着标准化、轻巧化、智能化发展。在此背景下,搬运机器人公司如何针对不同类型客户进行定制产品的研发和创新,成为搬运行业新的研究课题。

1. 操作机

如图 2.20 所示为日本 FANUC 公司推出的万能机器人 FANUC R-2000iB。在搬运应用方面,它拥有无可比拟的优越性能:通过对垂直多关节结构进行几乎完美的最优化设计,使得 R-2000iB 在保持最大动作范围和最大可搬运质量同时,大幅度减轻自身质量,实现紧凑机身设计,具有紧凑的手腕结构、狭小的后部干涉区域、可高密度布置机构等特点。如图 2.21 所示为瑞士 ABB 公司推出的最快速升级版 IRB 6660-100/3.3。它可解决坯件体积大、质量大、搬运距离长等压力机上下料面临的难题,且比同类产品速度提高 15%,缩短生产节拍,是目前市场上能够处理大坯件最快速的压力机上下料机器人。

图 2.20　FANUCR-2000iB

图 2.21　IRB 6660-100/3.3

2. 控制器

机器人单机操作有时难以满足大型构件或散堆件的搬运。为此,国外一些著名的机器人公司推出的机器人控制器都可实现同时对几台机器人和几个外部轴的协同控制。如图 2.22 所示为 FANUC 公司推出的机器人控制柜 R-30iA,可实现散堆工件搬运,大幅度提高 CPU 的处理能力,并且增加了新的软件功能,可实现机器人的智能化与网络化,具有高速动作性能、内置视觉功能、散堆工件取出功能、故障诊断功能等优点。

3. 示教器

一般来讲,一个机器人单元包括一台机器人和一个带有示教器的控制单元手持设备,能够远程监控机器人(它收集信号并提供信息的智能显示)。传统的点对点模式,由于受线缆方式的局限,导致费用昂贵并且示教器只能用于单台机器人。如图 2.23 所示,COMAU 公司的无线示教器 WiTP,与机器人控制单元之间采用了该公司的专利技术"配对-解配对"安全连接程序,多个控制器可由一个示教器控制,同时可与其他 Wi-Fi 资源实现数据传送与接收,有效范围达 100 m,且各系统间无干扰。

图 2.22　机器人控制柜 R-30iA

图 2.23　线示教器 WiTP

二、传感技术

随着制造生产的繁重化和人口红利的逐渐消失,已逼迫众多企业向无人化、自动化、柔性化转型,追求生产产品的高精度和质量的优越性。传感技术应用到搬运机器人中,极大地拓宽了搬运机器人的应用范围,提高了生产效率,保证了产品质量的稳定性和可追溯性。如图 2.24 所示为带有视觉系统和立体传感器的搬运机器人。搬运机器人传感系统的流程是视觉系统采集被测目标的相关数据,控制柜内置相应系统进行图像处理和数据分析,转换成相应的数据量,传给搬运机器人,机器人以接收到的数据为依据,进行相应作业。通过携带立体传感器,机器人可搬运杂乱无章的部件,并可简化排列工序。

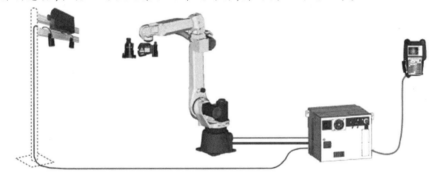

图 2.24　带有视觉系统和立体传感器的搬运机器人

带有传感器的搬运机器人生产节拍稳定,产品质量高,产品周期明确,生产安排易控制。机器人与传感系统的使用,降低了人工对产品质量和稳定性的影响,保证了产品的一致性。

三、AGV 搬运车

AGV 搬运车是一种无人搬运车(automated guided vehicle),是指装备有电磁或光学等自动导引装置,能够沿规定的导引路径行驶,具有安全保护及各种移载功能的运输车,工业应用中无需驾驶员的,通常可通过电脑程序或电磁轨道信息控制其移动,属于轮式移动搬运机器人范畴。AGV 搬运车广泛应用于汽车底盘合装,汽车零部件装配,烟草、电力、医药、化工等的生产物料运输,具有行动快捷,工作效率高,结构简单,有效摆脱场地、道路、空间限制等优势,充分体现出其自动性和柔性,可实现高效、经济、灵活的无人化生产。通常 AGV 搬运车可分为列车型、平板车型、带移载装置型、货叉型及带升降工作台型,举例详见表 2.15。

表 2.15 AGV 搬运车种类及功能

名称	功能简介	图示举例
列车型 AGV	是最早开发的产品,由牵引车和拖车组成,一辆牵引车可带若干节拖车,适合成批量小件物品长距离运输,在仓库离生产车间较远时应用广泛	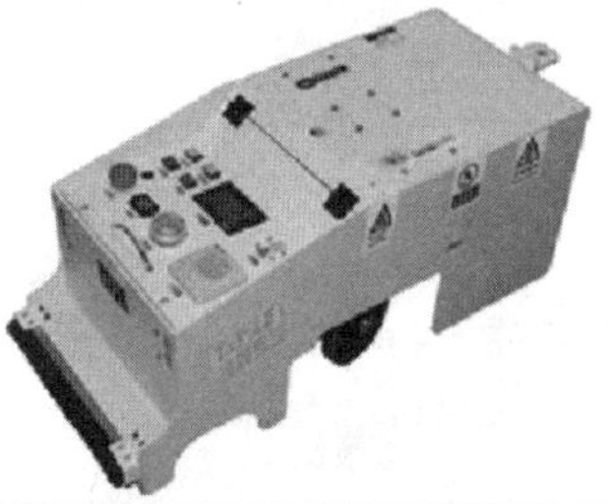
平板车型 AGV	多需人工卸载,载重量 500 kg 以下的轻型车主要用于小件物品搬运,适用于电子行业、家电行业、食品行业	
带移载装置型	装有输送带或辊子输送机等类型移载装置,通常和地面板式输送机或辊子机配合使用,以实现无人化自动搬运作业	
货叉型	类似于人工驾驶的叉车起重机,本身具有自动装卸载能力,主要用于物料自动搬运作业以及在组装线上做组装移动工作台使用	
带升降工作台型	主要应用于机器制造业和汽车制造业的组装作业,因带有升降工作台可使操作者在最佳高度下作业,提高工作质量和效率	

项目 3　工业机器人 I/O 通信设置

任务 1　配置工业机器人的标准 I/O 板

【任务目标】

1. 了解工业机器人 I/O 通信的种类；
2. 熟知 DSQC651 标准 I/O 板的组成；
3. 掌握 DSQC652 标准 I/O 板的组成；
4. 掌握 DSQC651 标准 I/O 板的定义。

【任务引入】

在了解机器人 I/O 通信的种类及熟知 DSQC651 的标准 I/O 板的基础上，掌握 DSQC651 标准 I/O 板的配置过程，并能够对 DSQC651 标准 I/O 板进行相关信号的定义。

【背景知识】

工业机器人拥有丰富的 I/O 通信接口，可以轻松地实现与周边设备进行通信。

一、工业机器人 I/O 通信的种类

工业机器人的 I/O 通信方式见表 3.1，其中 RS232 通信、OPC server、Socket Message 是与 PC 通信时的通信协议，与 PC 进行通信时需在 PC 端下载 PC SDK，添加"PC—INTERFACE"选项方可使用；DeviceNet、Profibus、Profibus – DP、Profinet、EtherNet IP 则是不同厂商推出的现场总线协议，根据需求进行选配，使用合适的现场总线；如果使用机器人标准 I/O 板，就必须有 DeviceNet 总线。

表 3.1　工业机器人的 I/O 通信方式

PC 通信	现场总线协议	机器人标准
RS232 通信（串口外接条形码读取及视觉捕捉等）	DeviceNet	标准 I/O 板
OPC server	Profibus	PLC
Socket Message（网口）	Profibus – DP	……
—	Profinet	……
—	EtherNet IP	……

标准 I/O 板提供的常用信号有数字输入 di、数字输出 do、模拟输入 ai、模拟输出 ao，以及输送链跟踪（如 DSQC377A），常用的标准 I/O 板有 DSQC651 和 DSQC652。机器人可以选

配标准的 PLC(本体同厂家的 PLC),既省去了与外部 PLC 进行通信的设置,又可以直接在机器人的示教器上实现与 PLC 相关的操作。

二、标准 I/O 板 DSQC651

机器人常用的标准 I/O 板(见表 3.2)有 DSQC651、DSQC652、DSQC653、DSQC355A、DSQC377A 五种,除了地址分配不同外,其配置方法基本相同。

表 3.2　常用的标准 I/O 板

序号	型号	说明
1	DSQC651	分布式 I/O 模块,di8、do8、ao2
2	DSQC652	分布式 I/O 模块,di16、do16
3	DSQC653	分布式 I/O 模块,di8、do8 带继电器
4	DSQC355A	分布式 I/O 模块,ai4、ao4
5	DSQC377A	输送链跟踪单元

DSQC651 板主要提供 8 个数字输入信号、8 个数字输出信号和 2 个模拟输出信号的处理。DSQC651 板如图 3.1 所示,包括数字信号输出指示灯、X1 数字输出接口、X3 数字输入接口、X5 DeviceNet 接口、X6 模拟输出接口、模块状态指示灯和数字输入信号指示灯。

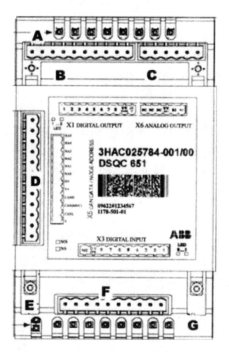

图 3.1　DSQC651 板

A—数字信号输出指示灯;B—X1 数字输出接口;C—X6 模拟输出接口;D—X5 DeviceNet 接口;
E—模块状态指示灯;F—X3 数字输入接口;G—数字输入信号指示灯

DSQC651 板的 X1、X3、X5、X6 模块接口连接说明如下:

1. X1 端子

X1 端子接口包括 8 个数字输出,地址分配见表 3.3。

表 3.3 DSQC651 板的 X1 端子地址分配

X1 端子编号	使用定义	地址分配
1	OUTPUT CH1	32
2	OUTPUT CH2	33
3	OUTPUT CH3	34
4	OUTPUT CH4	35
5	OUTPUT CH5	36
6	OUTPUT CH6	37
7	OUTPUT CH7	38
8	OUTPUT CH8	39
9	0 V	—
10	24 V	—

2. X3 端子

X3 端子接口包括 8 个数字输入,地址分配见表 3.4。

表 3.4 DSQC651 板的 X3 端子地址分配

X3 端子编号	使用定义	地址分配
1	INPUT CH1	0
2	INPUT CH2	1
3	INPUT CH3	2
4	INPUT CH4	3
5	INPUT CH5	4
6	INPUT CH6	5
7	INPUT CH7	6
8	INPUT CH8	7
9	0 V	—
10	未使用	—

3. X5 端子

X5 端子是 DeviceNet 接口,地址分配见表 3.5。

表 3.5　DSQC651 板的 X5 端子地址分配

X5 端子编号	使用定义
1	0 V BLACK
2	CAN 信号线 low BLUE
3	屏蔽线
4	CAN 信号线 high WHITE
5	24 V RED
6	GND 地址选择公共端
7	模块 ID bit0(LSB)
8	模块 ID bit1(LSB)
9	模块 ID bit2(LSB)
10	模块 ID bit3(LSB)
11	模块 ID bit4(LSB)
12	模块 ID bit5(LSB)

4. X6 端子

X6 端子接口包括 2 个模拟输出，地址分配见表 3.6。

表 3.6　DSQC651 板的 X6 端子地址分配

X6 端子编号	使用定义	地址分配
1	未使用	—
2	未使用	—
3	未使用	—
4	0 V	—
5	模拟输出 ao1	0 ~ 15
6	模拟输出 ao2	16 ~ 31

如图 3.2 所示，ABB 标准 I/O 板是挂在 DeviceNet 网络上的，所以要设定模块在网络中的地址。端子 X5 的 6 ~ 12 的跳线就是用来决定模块的地址的，地址可用范围为 10 ~ 63。将第 8 脚和第 10 脚的跳线剪去，2 + 8 = 10 就可以获得 DSQC651 的总线地址 10。DSQC651 标准 I/O 板总线连接参数表见 3.7。

表 3.7　DSQC651 标准 I/O 板总线连接参数

参数名称	设定值	说明
Name	d651	设定 I/O 板在系统中的名字
Type of Device	DSQC 651	设定 I/O 板的类型
DeviceNet Address	10	设定 I/O 板在总线中的地址

项目3 工业机器人I/O通信设置

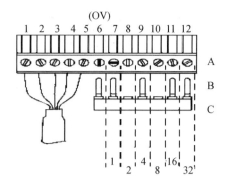

图 3.2 X5 端口接线图

三、标准 I/O 板 DSQC652

DSQC652 板主要提供 16 个数字输入信号和 16 个数字输出信号的处理。DSQC652 板如图 3.3 所示,包括数字信号输出指示灯、X1 和 X2 数字输出接口、X5 DeviceNet 接口、模块状态指示灯、X3 和 X4 数字输入接口、数字输入信号指示灯。

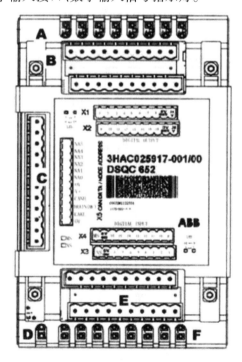

图 3.3 DSQC652 板

A—数字信号输出指示灯;B—X1、X2 数字输出接口;C—X5 DeviceNet 接口;
D—模块状态指示灯;E—X4、X3 数字输入接口;F—数字输入信号指示灯

DSQC652 板的 X1、X2、X3、X4、X5、模块接口连接说明如下:

1. X1 端子

X1 端子接口包括 8 个数字输出,地址分配见表 3.8。

表 3.8　DSQC652 板的 X1 端子地址分配

X1 端子编号	使用定义	地址分配
1	OUTPUT CH1	0
2	OUTPUT CH2	1
3	OUTPUT CH3	2
4	OUTPUT CH4	3
5	OUTPUT CH5	4
6	OUTPUT CH6	5
7	OUTPUT CH7	6
8	OUTPUT CH8	7
9	0 V	—
10	24 V	—

2. X2 端子

X1 端子接口包括 8 个数字输出，地址分配见表 3.9。

表 3.9　DSQC652 板的 X2 端子地址分配

X2 端子编号	使用定义	地址分配
1	OUTPUT CH1	8
2	OUTPUT CH2	9
3	OUTPUT CH3	10
4	OUTPUT CH4	11
5	OUTPUT CH5	12
6	OUTPUT CH6	13
7	OUTPUT CH7	14
8	OUTPUT CH8	15
9	0 V	—
10	24 V	—

3. X3 端子

X3 端子接口包括 8 个数字输入，地址分配见表 3.10。

表 3.10　DSQC652 板的 X3 端子地址分配

X3 端子编号	使用定义	地址分配
1	INPUT CH1	0
2	INPUT CH2	1
3	INPUT CH3	2

表 3.10(续)

X3 端子编号	使用定义	地址分配
4	INPUT CH4	3
5	INPUT CH5	4
6	INPUT CH6	5
7	INPUT CH7	6
8	INPUT CH8	7
9	0 V	—
10	未使用	—

4. X4 端子

X4 端子接口包括 8 个数字输入,地址分配见表 3.11。

表 3.11 DSQC652 板的 X4 端子地址分配

X4 端子编号	使用定义	地址分配
1	INPUT CH9	8
2	INPUT CH10	9
3	INPUT CH11	10
4	INPUT CH12	11
5	INPUT CH13	12
6	INPUT CH14	13
7	INPUT CH15	14
8	INPUT CH16	15
9	0 V	—
10	未使用	—

5. X5 端子

DSQC652 标准 I/O 板是下挂在 DeviceNet 现场总线下的设备,通过 X5 端口与 DeviceNet 现场总线进行通信,端子使用定义见表 3.12。

表 3.12 DSQC652 板的 X5 端子使用定义

X5 端子编号	使用定义
1	0 V BLACK
2	CAN 信号线 low BLUE
3	屏蔽线
4	CAN 信号线 high WHITE
5	24 V RED

表 3.12（续）

X5 端子编号	使用定义
6	GND 地址选择公共端
7	模块 ID bit0(LSB)
8	模块 ID bit1(LSB)
9	模块 ID bit2(LSB)
10	模块 ID bit3(LSB)
11	模块 ID bit4(LSB)
12	模块 ID bit5(LSB)

四、工业机器人 I/O 信号的定义

1. 定义数字量输入信号 di1

数字量输入信号 di1 地址可选范围为 0~7，数字量输入信号 di1 的参数见表 3.13。

定义数字量输入信号

表 3.13 数字量输入信号 di1 的参数

参数名称	设定值	说明
Name	di1	设定数字输入信号的名字
Type of Signal	Digital Input	设定信号的类型
Assigned to Device	d651	设定信号所在的 I/O 模块
Device Mapping	0	设定信号所占用的地址

定义数字量输入信号 di1 的具体操作步骤见表 3.14 所示。

表 3.14 定义数字量输入信号 di1 的操作步骤

操作过程示意图	操作步骤说明
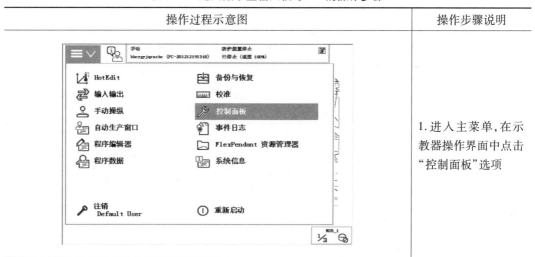	1. 进入主菜单，在示教器操作界面中点击"控制面板"选项

表 3.14(续)

操作过程示意图	操作步骤说明
	2. 点击"配置"选项，如图所示 3. 进入配置系统参数界面后，双击"Signal"选项，如图所示 4. 点击图示"添加"按钮，然后进行编辑

表 3.14(续)

操作过程示意图	操作步骤说明
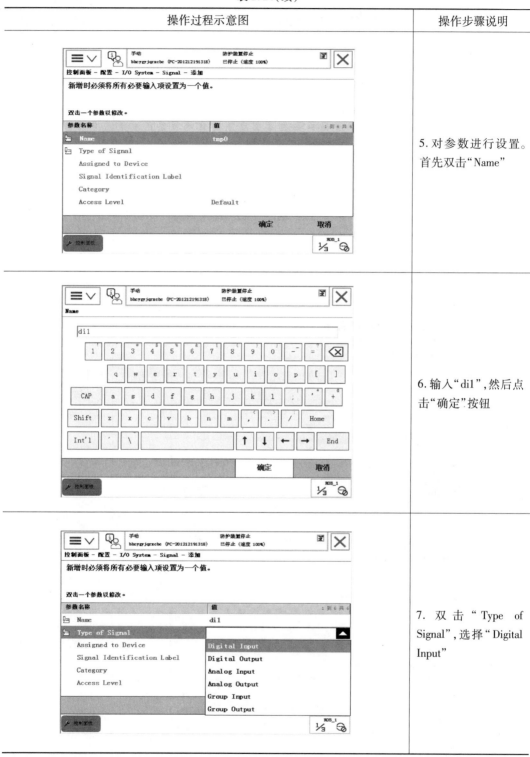	5. 对参数进行设置。首先双击"Name"
	6. 输入"di1",然后点击"确定"按钮
	7. 双击"Type of Signal",选择"Digital Input"

表 3.14(续)

操作过程示意图	操作步骤说明
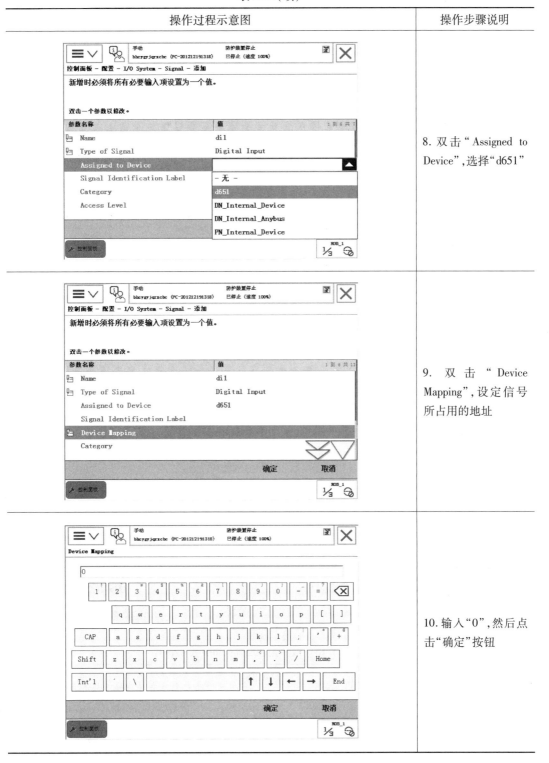	8. 双击"Assigned to Device",选择"d651" 9. 双击"Device Mapping",设定信号所占用的地址 10. 输入"0",然后点击"确定"按钮

表 3.14（续）

操作过程示意图	操作步骤说明
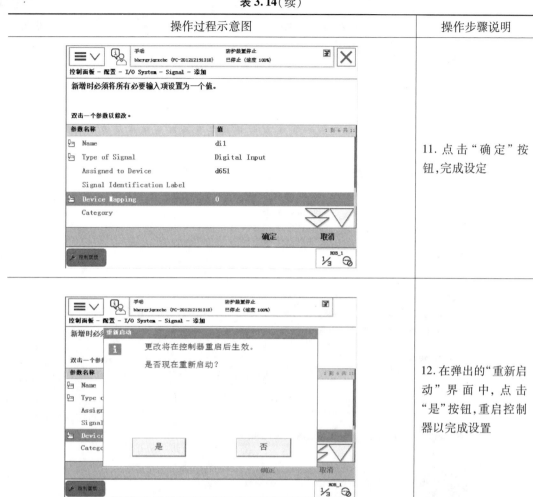	11. 点击"确定"按钮，完成设定
	12. 在弹出的"重新启动"界面中，点击"是"按钮，重启控制器以完成设置

2. 定义数字量输出信号 do1

数字量输出信号 do1 地址可选范围为 32~39，定义数字量输出信号 do1 的参数见表 3.15。

定义数字量输出信号

表 3.15 数字量输出信号 do1 参数

参数名称	设定值	说明
Name	do1	设定数字输出信号的名字
Type of Signal	Digital Output	设定信号的类型
Assigned to Device	d651	设定信号所在的 I/O 模块
Device Mapping	32	设定信号所占用的地址

定义数字量输出信号的具体操作步骤见表 3.16。

表 3.16 定义数字量输出信号的操作步骤

操作过程示意图	操作步骤说明
	1. 进入主菜单,在示教器操作界面中点击"控制面板"选项 2. 点击"配置"选项 3. 进入配置系统参数界面后,双击"Signal"选项

表 3.16（续）

操作过程示意图	操作步骤说明
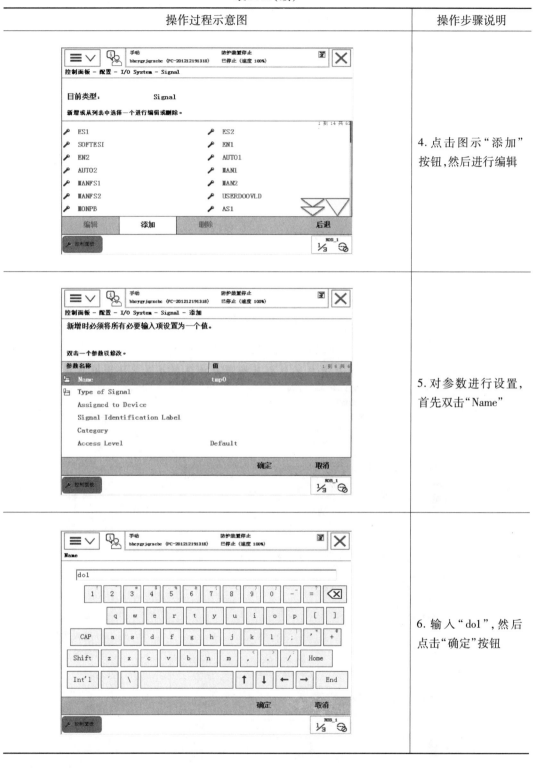	4. 点击图示"添加"按钮，然后进行编辑
	5. 对参数进行设置，首先双击"Name"
	6. 输入"do1"，然后点击"确定"按钮

项目3 工业机器人I/O通信设置

表3.16(续)

操作过程示意图	操作步骤说明
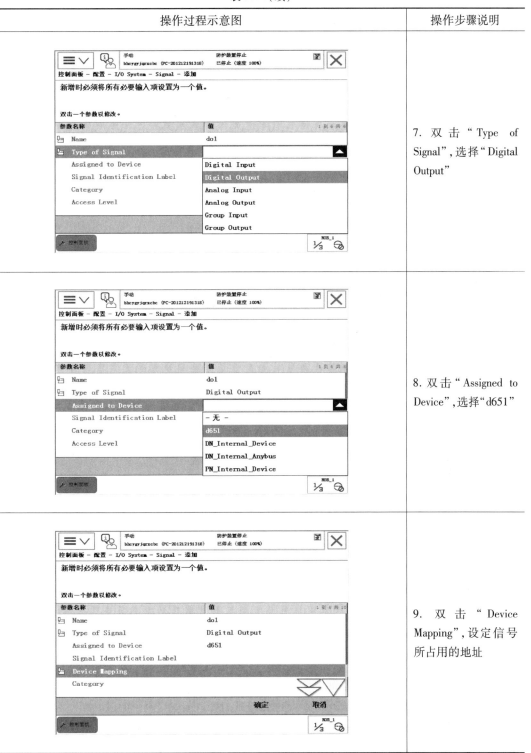	7. 双击"Type of Signal",选择"Digital Output"
	8. 双击"Assigned to Device",选择"d651"
	9. 双击"Device Mapping",设定信号所占用的地址

表 3.16（续）

操作过程示意图	操作步骤说明
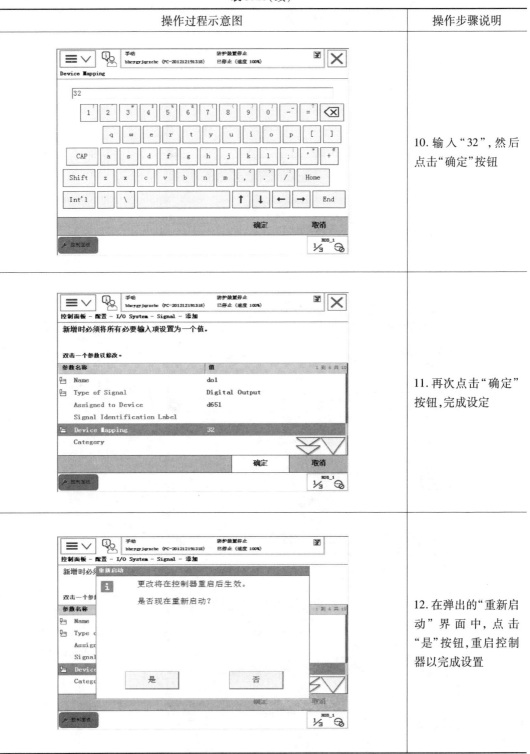	10. 输入"32"，然后点击"确定"按钮 11. 再次点击"确定"按钮，完成设定 12. 在弹出的"重新启动"界面中，点击"是"按钮，重启控制器以完成设置

3.定义数字量组输入信号 gi1

组输入信号 gi1 是将几个数字输入信号组合起来使用,用于输入 BCD 编码的十进制数。gi1 占用地址 1—4 共 4 位,可以代表十进制数 0—15。组输入信号 gi1 的相关参数见表 3.17。

定义数字量组输入信号

表 3.17 组输入信号 gi1 的相关参数表

参数名称	设定值	说明
Name	gi1	设定组输入信号的名字
Type of Signal	Group Input	设定信号的类型
Assigned to Device	d651	设定信号所在的 I/O 模块
Device Mapping	1—4	设定信号所占用的地址

定义数字量组输入信号的具体操作步骤见表 3.18。

表 3.18 定义数字量组输入信号的具体操作过程

操作过程示意图	操作步骤说明
	1.进入主菜单,在示教器操作界面中点击"控制面板"选项
	2.点击"配置"选项

表 3.18(续)

操作过程示意图	操作步骤说明
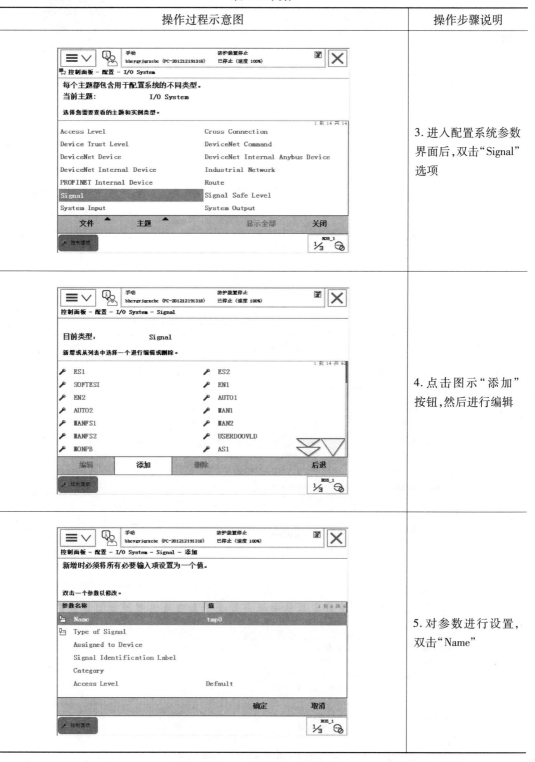	3. 进入配置系统参数界面后,双击"Signal"选项 4. 点击图示"添加"按钮,然后进行编辑 5. 对参数进行设置,双击"Name"

表 3.18（续）

操作过程示意图	操作步骤说明
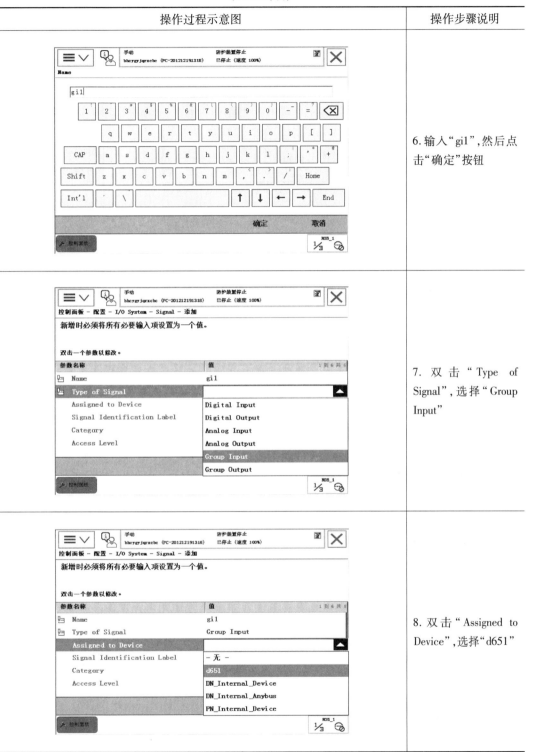	6. 输入"gi1"，然后点击"确定"按钮
	7. 双击"Type of Signal"，选择"Group Input"
	8. 双击"Assigned to Device"，选择"d651"

表 3.18(续)

操作过程示意图	操作步骤说明
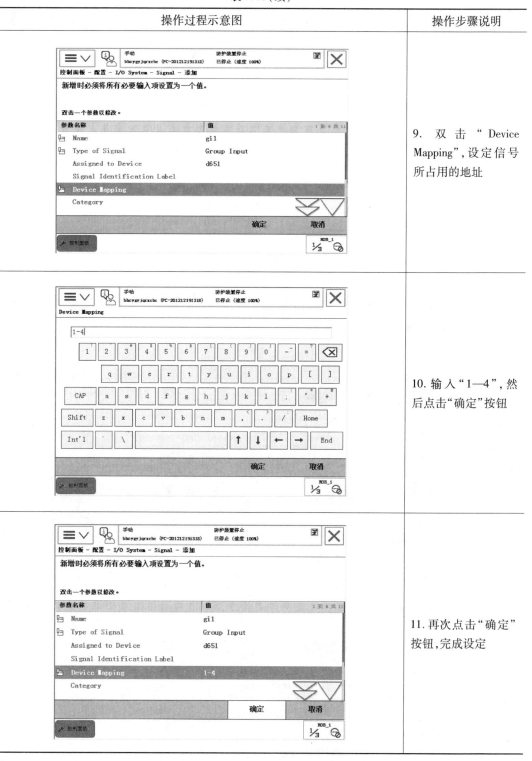	9. 双击"Device Mapping",设定信号所占用的地址 10. 输入"1—4",然后点击"确定"按钮 11. 再次点击"确定"按钮,完成设定

表 3.18（续）

操作过程示意图	操作步骤说明
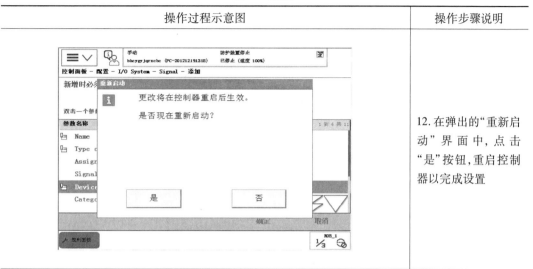	12. 在弹出的"重新启动"界面中，点击"是"按钮，重启控制器以完成设置

4. 定义数字量组输出信号 go1

组输出信号，就是将几个数字输出信号组合起来使用，用于输出 BCD 编码的十进制数。go1 占用地址 33—36 共 4 位，可以代表十进制数 0—15。组输入信号 go1 的相关参数见表 3.19。

定义数字量组输出信号

表 3.19 组输入信号 go1 相关参数表

参数名称	设定值	说明
Name	go1	设定组输出信号的名字
Type of Signal	Group Output	设定信号的类型
Assigned to Device	d651	设定信号所在的 IO 模块
Device Mapping	33—36	设定信号所占用的地址

定义数字量组输出信号的具体操作过程见表 3.20 所示。

表 3.20 定义组输出信号的具体操作过程

操作过程示意图	操作步骤说明
	1. 进入主菜单,在示教器操作界面中点击"控制面板"选项
	2. 点击"配置"选项
	3. 进入配置系统参数界面后,双击"Signal"选项

表 3.20（续）

操作过程示意图	操作步骤说明
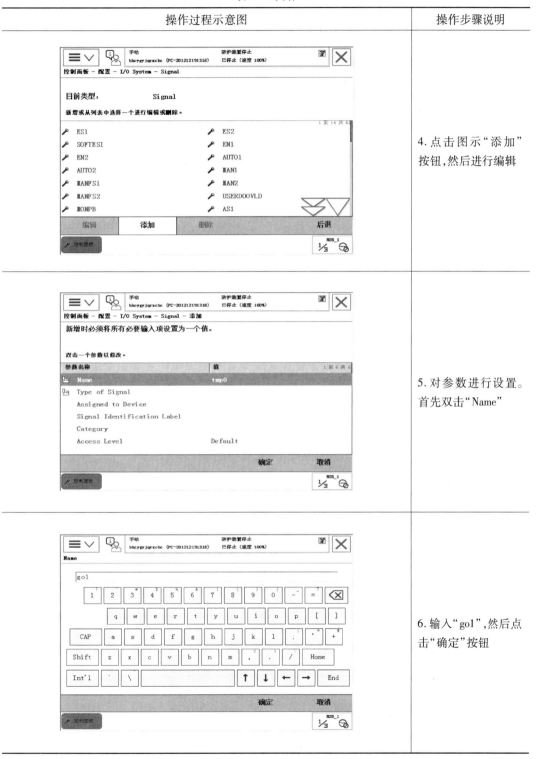	4. 点击图示"添加"按钮,然后进行编辑 5. 对参数进行设置。首先双击"Name" 6. 输入"go1",然后点击"确定"按钮

表 3.20（续）

操作过程示意图	操作步骤说明
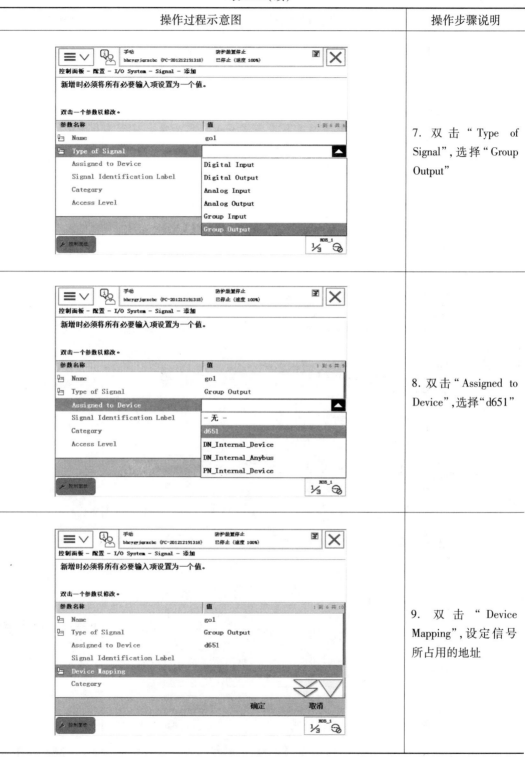	7. 双击"Type of Signal"，选择"Group Output" 8. 双击"Assigned to Device"，选择"d651" 9. 双击"Device Mapping"，设定信号所占用的地址

表 3.20(续)

操作过程示意图	操作步骤说明
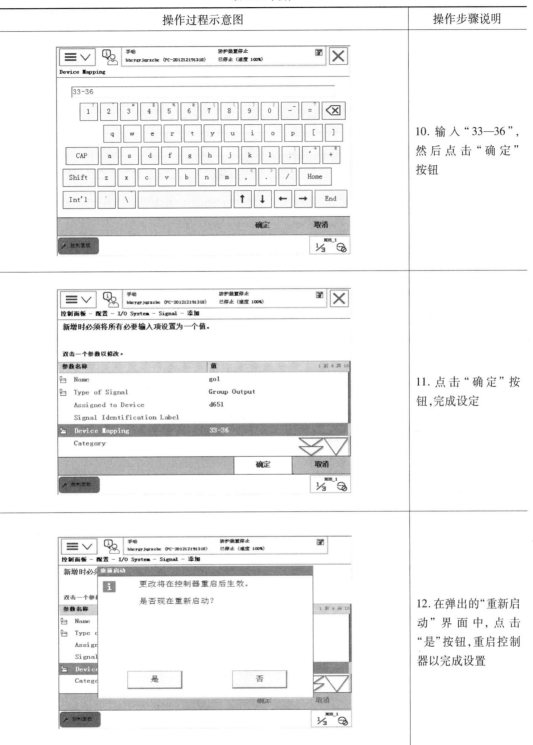	10. 输入"33—36",然后点击"确定"按钮
	11. 点击"确定"按钮,完成设定
	12. 在弹出的"重新启动"界面中,点击"是"按钮,重启控制器以完成设置

5. 定义模拟输出信号 ao1

在工业生产过程中,有许多连续变化的量,如温度、压力、流量和速度等都是模拟量。模拟输出信号的相关参数见表 3.21。

定义模拟输出信号

表 3.21 模拟输出信号 ao1 参数表

参数名称	设定值	说明
Name	ao1	设定模拟输出信号的名字
Type of Signal	Analog Output	设定信号的类型
Assigned to Device	d651	设定信号所在的 I/O 模块
Device Mapping	0—15	设定信号所占用的地址
Analog Encoding Type	Unsigned	设定模拟信号属性
Maximum Logical Value	10	设定最大逻辑值
Maximum Physical Value	10	设定最大物理值(V)
Maximum Bit Value	65 535	设定最大位置

定义模拟输出信号 ao1 的具体操作步骤见表 3.22。

表 3.22 定义模拟输出信号 ao1 的具体操作步骤

操作过程示意图	操作步骤说明
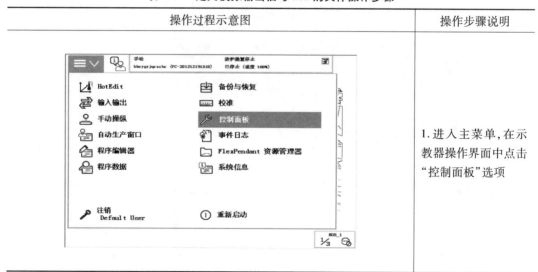	1. 进入主菜单,在示教器操作界面中点击"控制面板"选项

表3.22(续)

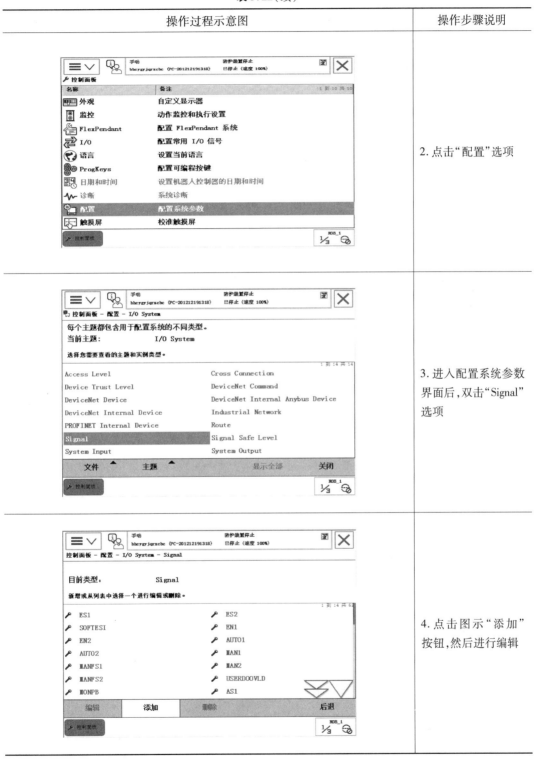

操作过程示意图	操作步骤说明
	2. 点击"配置"选项
	3. 进入配置系统参数界面后,双击"Signal"选项
	4. 点击图示"添加"按钮,然后进行编辑

表 3.22(续)

操作过程示意图	操作步骤说明
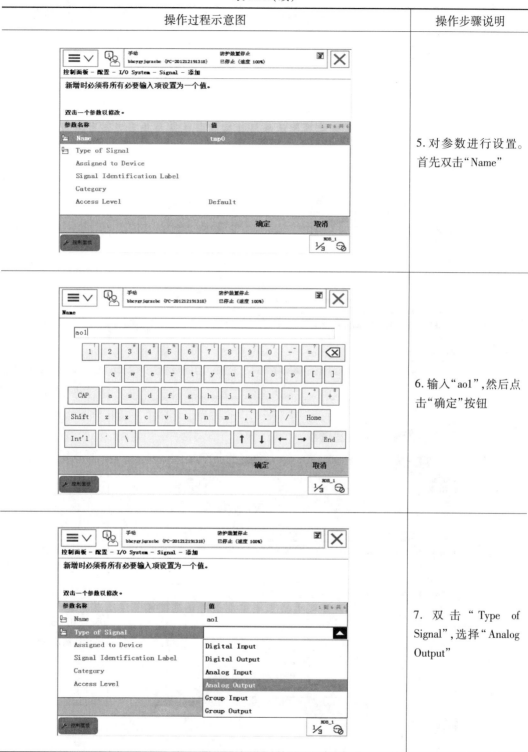	5. 对参数进行设置。首先双击"Name" 6. 输入"ao1",然后点击"确定"按钮 7. 双击"Type of Signal",选择"Analog Output"

表 3.22(续)

操作过程示意图	操作步骤说明
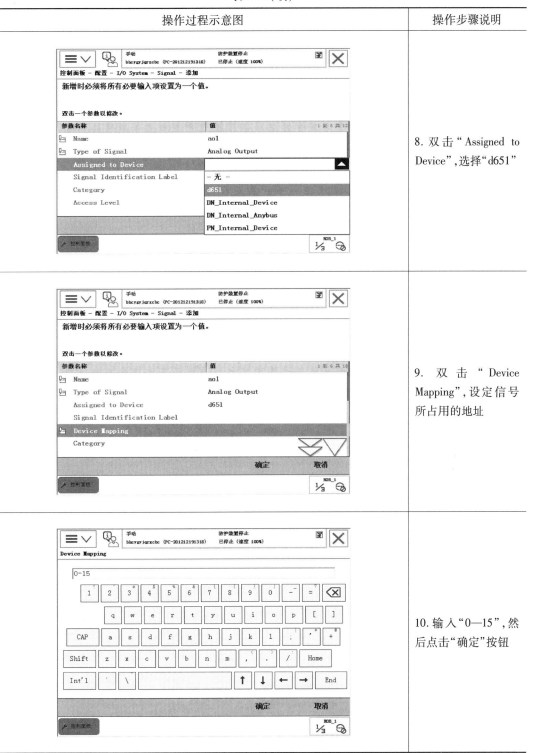	8. 双击"Assigned to Device",选择"d651"
	9. 双击"Device Mapping",设定信号所占用的地址
	10. 输入"0—15",然后点击"确定"按钮

表 3.22(续)

操作过程示意图	操作步骤说明
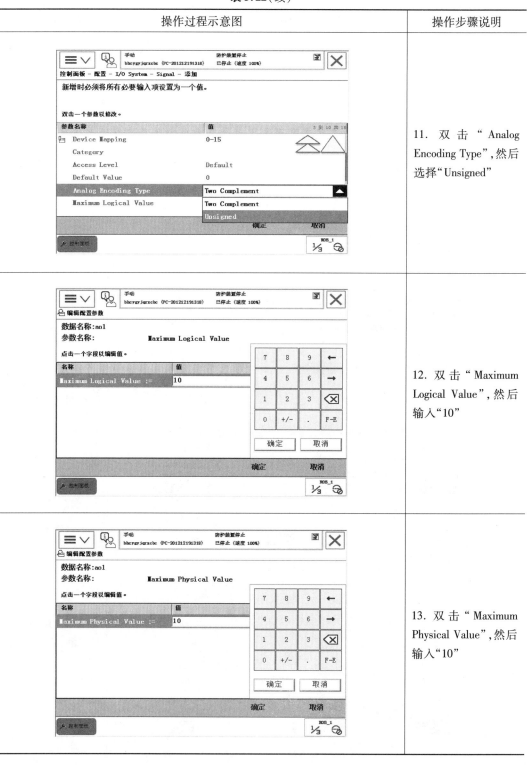	11. 双击"Analog Encoding Type",然后选择"Unsigned" 12. 双击"Maximum Logical Value",然后输入"10" 13. 双击"Maximum Physical Value",然后输入"10"

项目3 工业机器人I/O通信设置

表 3.22(续)

操作过程示意图	操作步骤说明
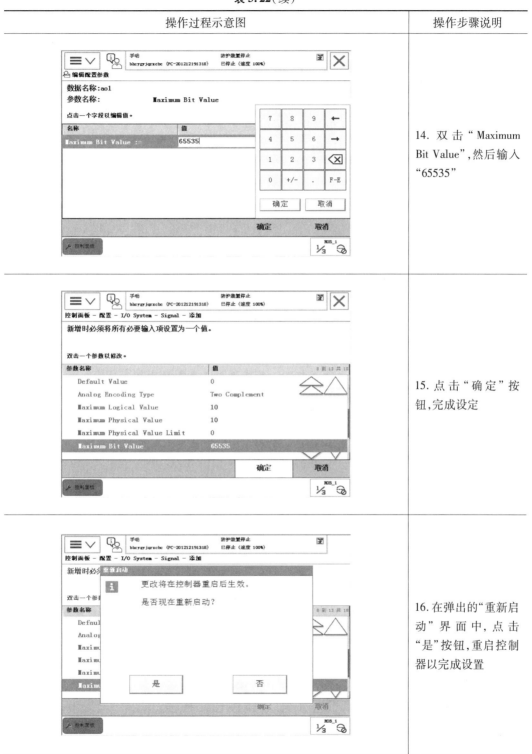	14. 双击"Maximum Bit Value",然后输入"65535"
	15. 点击"确定"按钮,完成设定
	16. 在弹出的"重新启动"界面中,点击"是"按钮,重启控制器以完成设置

【任务实施】

一、任务实施目的

1. 了解工业机器人 I/O 通信的种类；
2. 熟知 DSQC651 标准 I/O 板的组成；
3. 掌握 DSQC651 标准 I/O 板各类信号的定义方法；
4. 能够对 DSQC651 标准 I/O 板进行配置；
5. 培养实践动手能力；
6. 深入强化 6S 管理素养。

配置 DSQC651 标准 I/O 板

二、设备和工具

IRB120 型 ABB 工业机器人集成多功能实训台，如图 1.10 所示。

三、任务实施内容

1. 配置 DSQC651 标准 I/O 板

对 DSQC651 标准 I/O 板进行配置，具体操作步骤见表 3.23。

表 3.23　配置 DSQC 651 标准 I/O 板的操作步骤

操作过程示意图	操作步骤说明
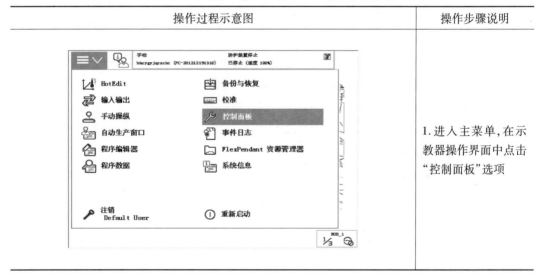	1. 进入主菜单，在示教器操作界面中点击"控制面板"选项

表 3.23(续)

操作过程示意图	操作步骤说明
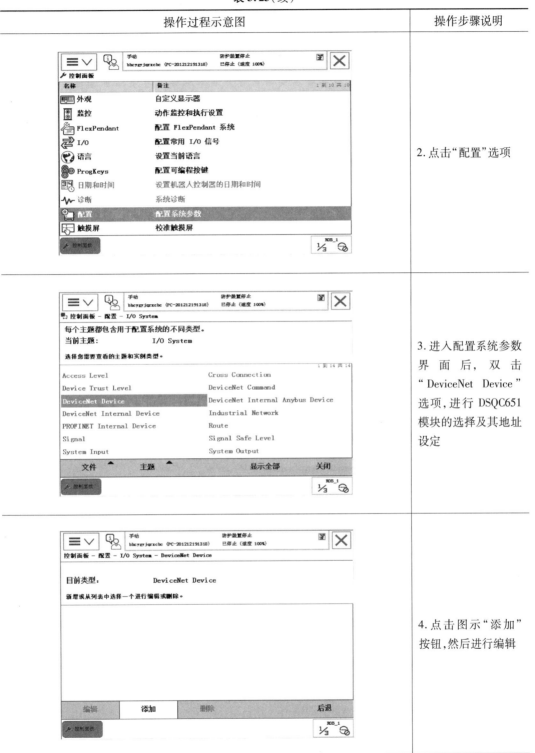	2. 点击"配置"选项
	3. 进入配置系统参数界面后,双击"DeviceNet Device"选项,进行 DSQC651 模块的选择及其地址设定
	4. 点击图示"添加"按钮,然后进行编辑

表 3.23(续)

操作过程示意图	操作步骤说明
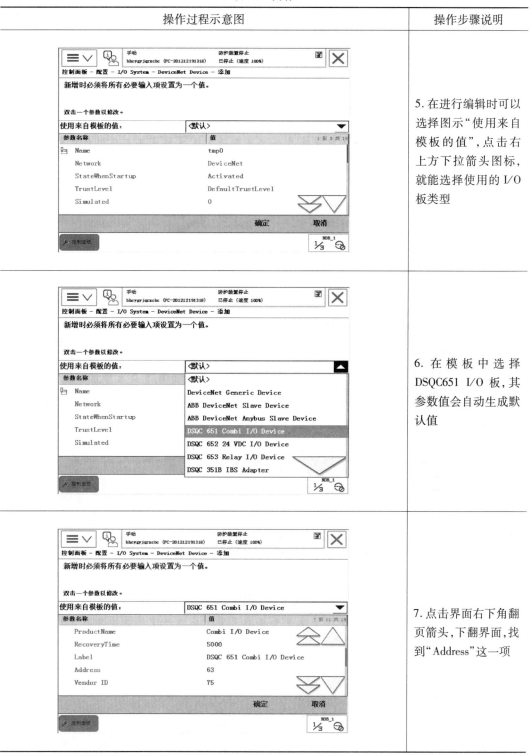	5. 在进行编辑时可以选择图示"使用来自模板的值",点击右上方下拉箭头图标,就能选择使用的 I/O 板类型
	6. 在模板中选择 DSQC651 I/O 板,其参数值会自动生成默认值
	7. 点击界面右下角翻页箭头,下翻界面,找到"Address"这一项

项目3 工业机器人I/O通信设置

表 3.23（续）

操作过程示意图	操作步骤说明
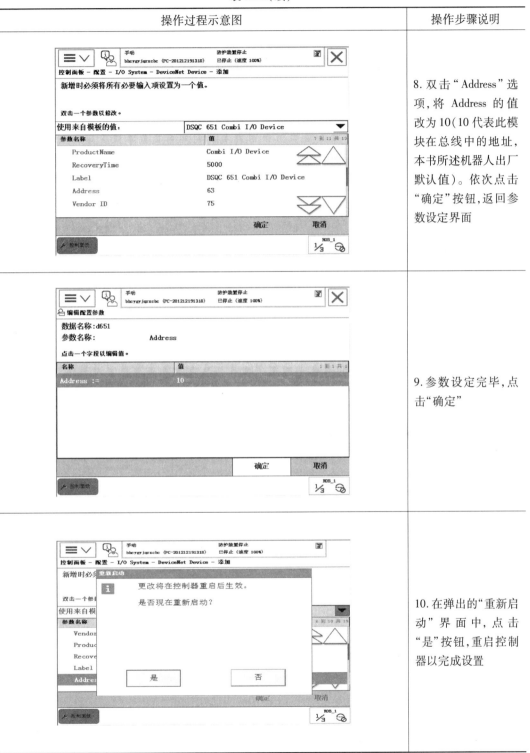	8. 双击"Address"选项，将 Address 的值改为10(10 代表此模块在总线中的地址，本书所述机器人出厂默认值)。依次点击"确定"按钮，返回参数设定界面
	9. 参数设定完毕，点击"确定"
	10. 在弹出的"重新启动"界面中，点击"是"按钮，重启控制器以完成设置

2. 定义各类数字量输入输出信号。

【任务考核】

考核项目	考核内容	要求及评分标准	配分	成绩
理论知识	工业机器人 I/O 通信的种类	PC 通信协议有哪些？	5	
		现场总线协议有哪些？	5	
		机器人标准通信接口有哪些？	5	
	DSQC651 标准 I/O 板	简述 DSQC651 标准 I/O 板的基本结构组成	5	
		简述配置 DSQC652 标准 I/O 板的方法及步骤	5	
实际操作评定	工业机器人 I/O 板的配置	DSQC651 标准 I/O 板的配置	20	
		定义数字量输入信号	5	
		定义数字量输出信号	5	
		定义数字量组输入信号	5	
		定义数字量组输出信号	5	
		定义模拟输出信号	5	
文明生产	安全操作	符合安全操作规程	10	
	6S 标准执行	工作过程符合 6S 标准，及时清理维护设备	10	
	团队合作	具备小组间沟通、协作能力	10	
合计			100	
开始时间：		结束时间：		

【习题思考】

1. 常用的工业机器人标准 I/O 板的型号有哪些？
2. DSQC651 标准 I/O 板主要提供（　　）个数字输入信号、（　　）个数字输出信号和（　　）个模拟输出信号的处理。
3. 写出 DSQC651 板标准 I/O 板的组成部分。
4. 在 DSQC651 板标准 I/O 板中，各个端子的地址分别是多少？

任务 2　系统输入输出与 I/O 信号的关联

【任务目标】

1. 掌握 I/O 信号的快捷键设置；
2. 理解电机启动与信号关联的目的；
3. 掌握系统输入电机启动与数字输入信号关联的方法；
4. 掌握系统输出电机启动与数字输出信号关联的方法。

项目3 工业机器人I/O通信设置

【任务引入】

在掌握工业机器人标准I/O板的配置与定义的基础上,能够进行I/O信号的快捷键设置,并能进行I/O信号与系统输入、输出电机启动的关联操作。

【背景知识】

一、I/O信号的快捷键设置

示教器可编程按键分为按键1~4,如图3.4所示方框内的4个按键,在操作时可以为可编程按键分配需要快捷控制的I/O信号,以方便对I/O信号进行强制置位。

图3.4 可编程按键

I/O信号的快捷键设置

在对可编程按键进行设置时,可选择不同的按键功能模式,总共有5种按键功能模式,分别为"切换""设为1""设为0""按下/松开"和"脉冲",各按键功能见表3.24。

表3.24 可编程按键功能模式

序号	按键功能模式	功能
1	切换	在此功能模式下,对所设置的按键按压时,信号将在"0"和"1"之间进行切换
2	设为1	在此功能模式下,对所设置的按键按压时,信号将设为1
3	设为0	在此功能模式下,对所设置的按键按压时,信号将设为0
4	按下/松开	在此功能模式下,对所设置的按键长按压时,信号将设为1;松开设置的按键时,信号将设为0
5	脉冲	在此功能模式下,对所设置的按键长按压时,输出一个脉冲

对可编程按键配置数字量信号操作流程如表3.25所示。

· 99 ·

表 3.25 可编程按键配置数字量信号

操作过程示意图	操作步骤说明
	1. 进入主菜单,在示教器操作界面中点击"控制面板"选项
	2. 点击"配置可编程按键"选项
	3. 在配置可编程按键的界面中,可以选择对按键 1~4 进行配置,配置类型有"输入""输出"和"系统"信号

表 3.25(续)

操作过程示意图	操作步骤说明
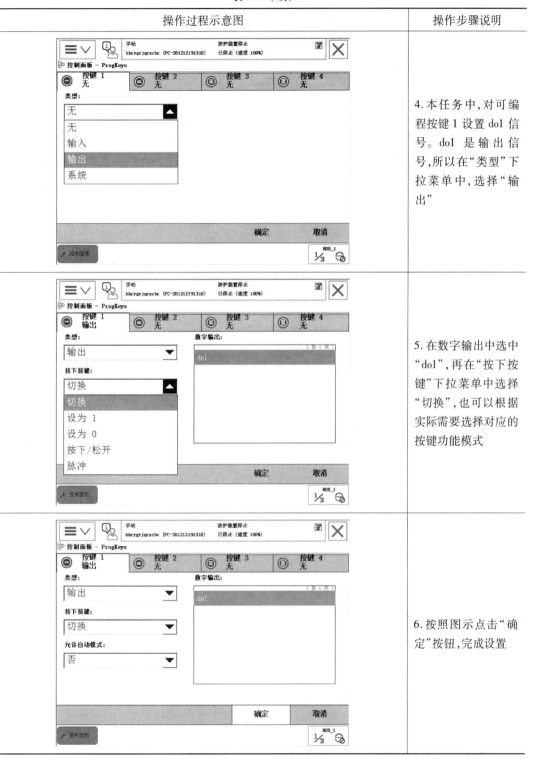	4.本任务中,对可编程按键1设置do1信号。do1是输出信号,所以在"类型"下拉菜单中,选择"输出"
	5.在数字输出中选中"do1",再在"按下按键"下拉菜单中选择"切换",也可以根据实际需要选择对应的按键功能模式
	6.按照图示点击"确定"按钮,完成设置

表 3.25（续）

操作过程示意图	操作步骤说明
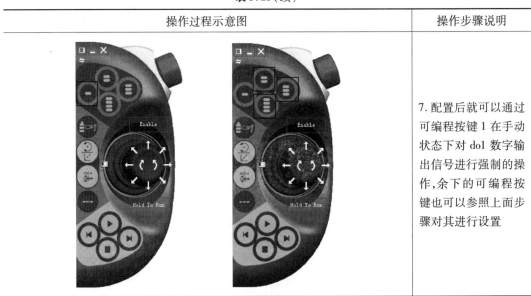	7. 配置后就可以通过可编程按键 1 在手动状态下对 do1 数字输出信号进行强制的操作，余下的可编程按键也可以参照上面步骤对其进行设置

二、系统输入电机启动与数字输入信号 di1 的关联

建立系统输入信号与 I/O 的关联，可实现对机器人系统的控制，例如电机开启、程序启动等，此任务操作中将以机器人的电机控制为例进行详细叙述。建立系统输入电动机开启与数字输入信号 di1 的关联的具体操作步骤见表 3.26。

表 3.26　系统输入电动机开启与数字输入信号 di1 的关联操作

操作过程示意图	操作步骤说明
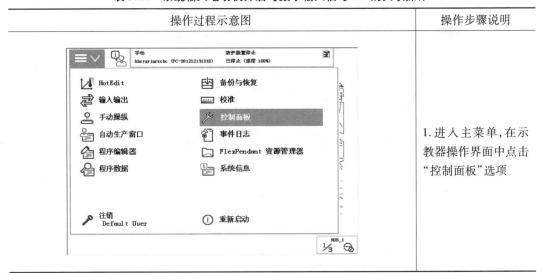	1. 进入主菜单，在示教器操作界面中点击"控制面板"选项

表 3.26(续)

操作过程示意图	操作步骤说明
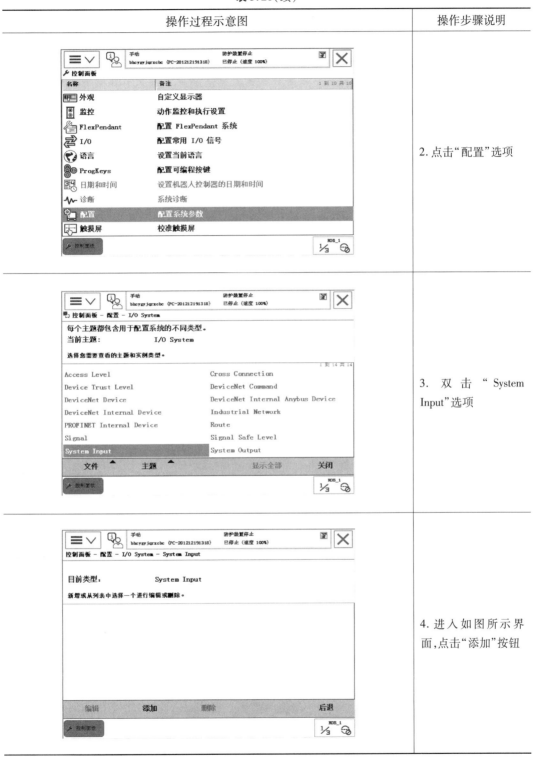	2. 点击"配置"选项 3. 双击"System Input"选项 4. 进入如图所示界面,点击"添加"按钮

表 3.26(续)

操作过程示意图	操作步骤说明
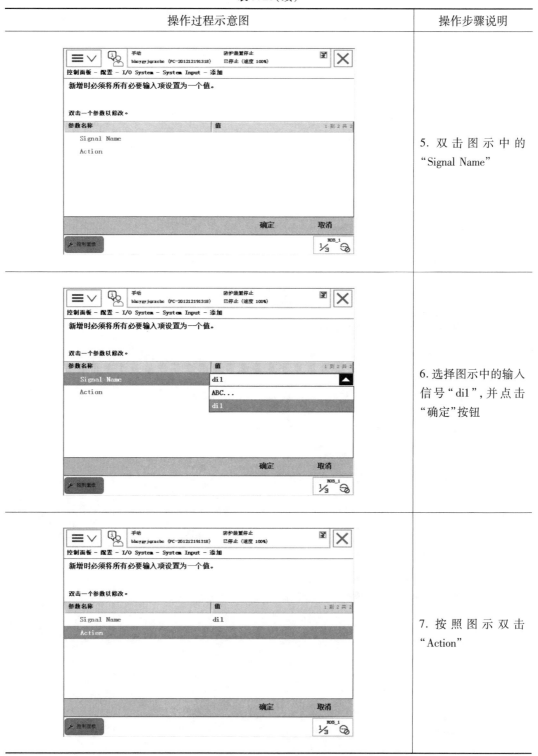	5. 双击图示中的"Signal Name"
	6. 选择图示中的输入信号"di1",并点击"确定"按钮
	7. 按照图示双击"Action"

表 3.26(续)

操作过程示意图	操作步骤说明
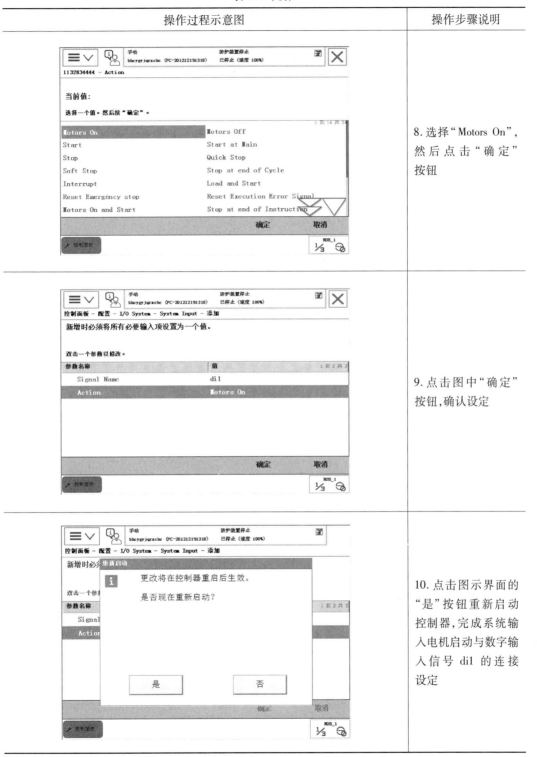	8. 选择"Motors On",然后点击"确定"按钮
	9. 点击图中"确定"按钮,确认设定
	10. 点击图示界面的"是"按钮重新启动控制器,完成系统输入电机启动与数字输入信号 di1 的连接设定

三、系统输出电机启动与数字输出信号 do1 的关联

建立系统输出信号与 I/O 的关联，可以实现对外设备的控制，比如电机主轴的转动、夹具的开启等。建立系统输出电动机开启与数字输出信号 do1 的关联的具体操作步骤如表 3.27 所示。

表 3.27　系统输出电动机开启与数字输出信号 do1 的关联操作

操作过程示意图	操作步骤说明
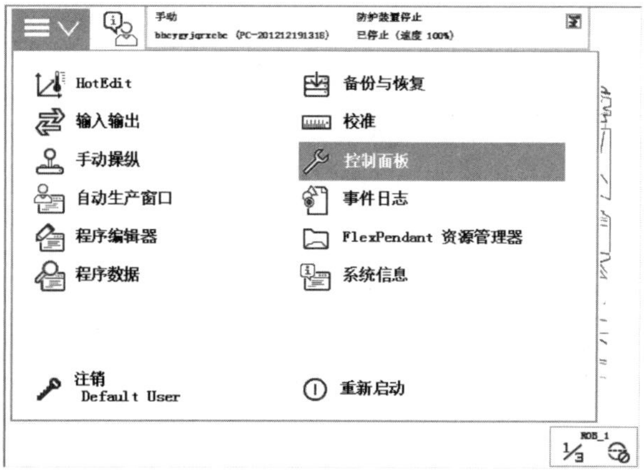	1. 进入主菜单，在示教器操作界面中点击"控制面板"选项
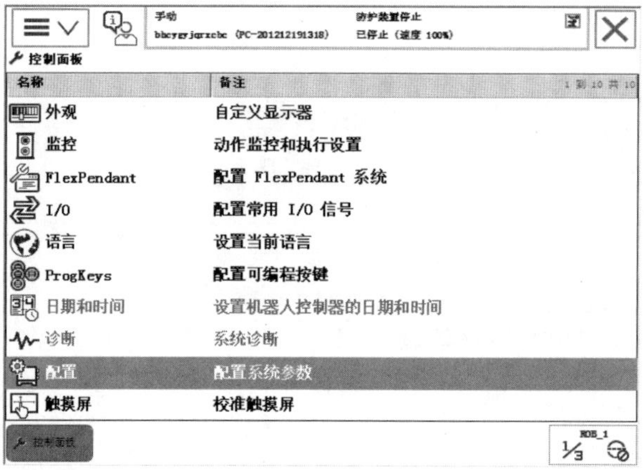	2. 点击"配置"选项

表 3.27（续）

操作过程示意图	操作步骤说明
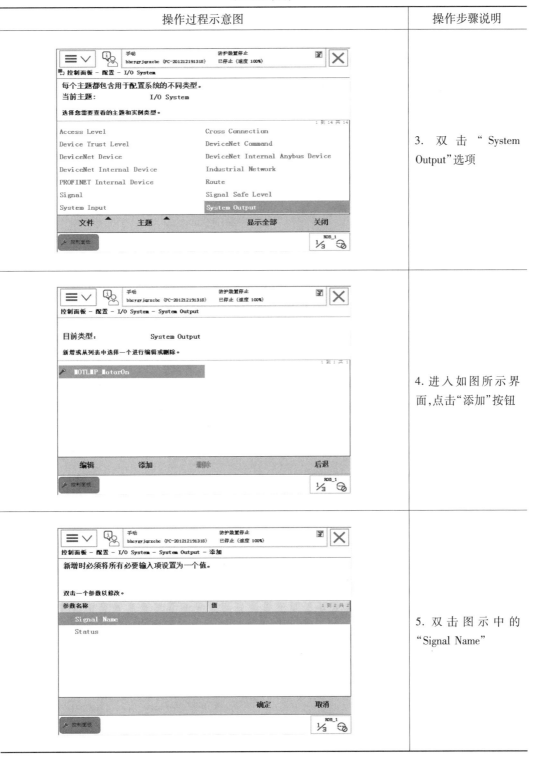	3. 双击"System Output"选项
	4. 进入如图所示界面，点击"添加"按钮
	5. 双击图示中的"Signal Name"

表 3.27(续)

操作过程示意图	操作步骤说明
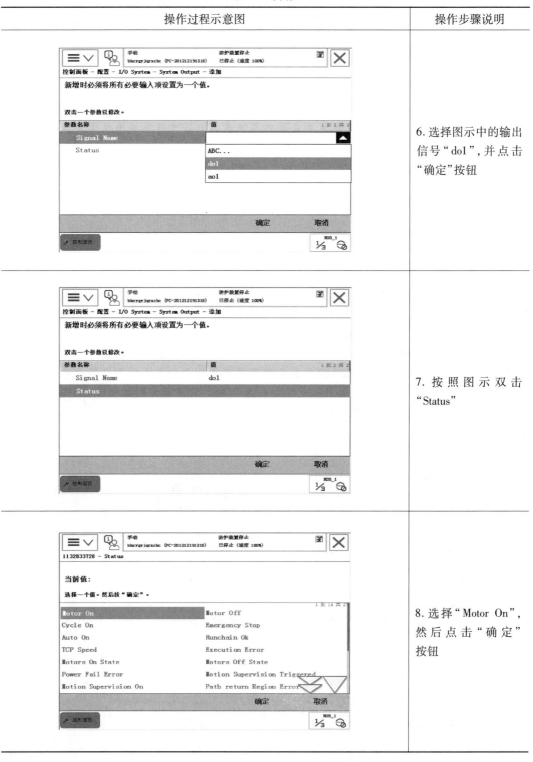	6. 选择图示中的输出信号"do1",并点击"确定"按钮
	7. 按照图示双击"Status"
	8. 选择"Motor On",然后点击"确定"按钮

项目3 工业机器人I/O通信设置

表 3.27(续)

操作过程示意图	操作步骤说明
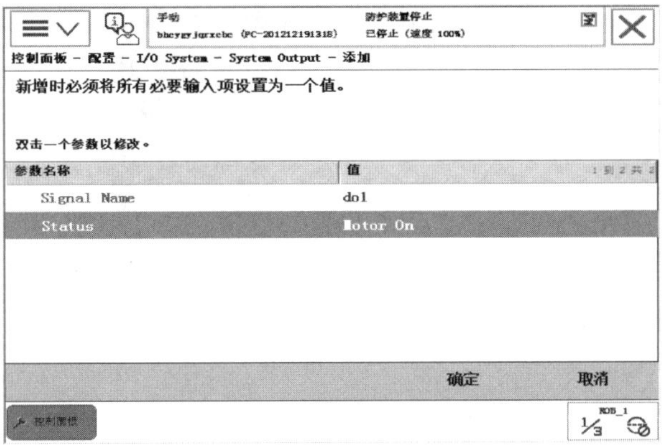	9.点击图中"确定"按钮,确认设定
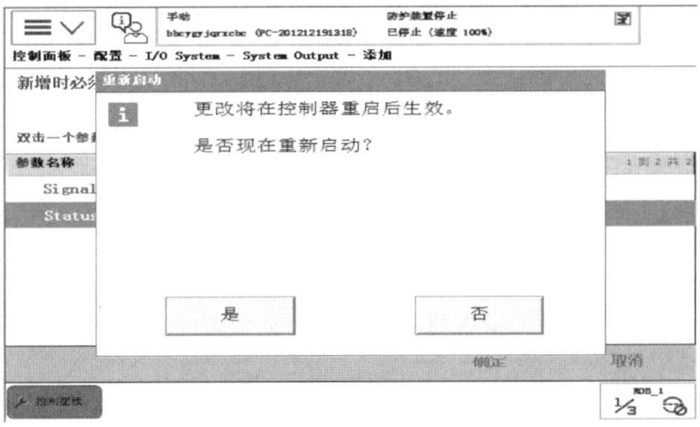	10.点击图示界面的"是"按钮重新启动控制器完成系统输出电机启动与数字输出信号 do1 的连接设定

【任务实施】

一、任务实施目的

1. 掌握 I/O 信号的快捷键设置;
2. 了解电机启动与信号关联的目的;
3. 掌握系统输入电机启动与数字输入信号的关联操作;
4. 掌握系统输出电机启动与数字输出信号的关联操作;
5. 培养实践动手能力;
6. 深入强化 6S 管理素养。

二、设备和工具

IRB120 型 ABB 工业机器人集成多功能实训台,如图 1.10 所示。

三、任务实施内容

工业机器人 I/O 信号的关联操作。以工业机器人的电机控制为例，建立系统输入电动机开启与数字输入信号 di1 的关联，建立系统输出电动机启动与数字输出信号 do1 的关联。

系统输入与 I/O 的关联

系统输出与 I/O 的关联

【任务考核】

考核项目	考核内容	要求及评分标准	配分	成绩
理论知识	工业机器人 I/O 信号的快捷键设置	快捷键的设置	15	
		控制 I/O 信号时，一共有几种按键功能模式？	15	
	工业机器人 I/O 信号关联操作	工业机器人 I/O 信号关联操作的意义有哪些？	10	
实际操作评定	工业机器人 I/O 信号的关联操作	系统输入电机启动与数字输入信号的关联	20	
		系统输出电机启动与数字输出信号的关联	20	
文明生产	安全操作	符合安全操作规程	5	
	6S 标准执行	工作过程符合 6S 标准，及时清理维护设备	5	
	团队合作	具备小组间沟通、协作能力	10	
合计			100	
开始时间：		结束时间：		

【习题思考】

1. 指出工业机器人示教器上快捷键的位置。
2. I/O 信号的快捷键如何设置？
3. 在完成 I/O 信号的快捷键设置后，可以实现几种按键功能模式？
4. 建立系统输入信号与 I/O 的关联，可实现对机器人系统的控制，如（　　）、（　　）等。

拓展知识

工业机器人在智能制造中的应用——码垛机器人

在全国生产制造最大利益驱使下，码垛逐渐成为各个企业生产的瓶颈，为了满足不同类型产品的码垛，各大机器人制造企业抓住机遇，不断研发创新，推出更加人性化、效益化的码垛机器人。码垛机器人的出现为全球经济发展带来了巨大动力，使得整个包装物流逐渐向"自动化、无人化"发展。鉴于码垛机器人同搬运机器人比较相似,仅从码垛机器人本体及控制器两方面介绍其最新进展。

一、操作机本体

如图 3.5 所示,瑞士 ABB 公司推出全球最快码垛机器人 IRB460。在码垛应用方面,IRB460 拥有目前各种机器人无法超越的码垛速度,其操作节拍可达 2190 次/时,运行速度比常规机器人提升 15%,作业覆盖范围达到 2.4 m,占地面积比一般码垛机器人节省 20%;德国 KUKA 公司推出的精细化工堆垛机器人 KR180 - 2 PA Arctic,可在 - 30 ℃ 条件下以 180 kg 的全负荷进行工作,且无防护罩和额外加热装置,创造了码垛机器在寒冷条件下的极限,如图 3.6 所示。

图 3.5　ABB IRB460

图 3.6　KR 180 - 2 PA Arctic

二、控制器

机器人本体在结构上不断进行优化的同时,控制器同样也在进行着变革,以逐步适应高速扩展的生产要求。ABB 公司新出品的 IRC5 控制器,如图 3.7 所示,不仅继承了前几代控制器在运动控制、柔性、通用性、安全性、可靠性的优势,而且在模块化、用户界面、多机器人控制等方面取得了全新性突破。IRC5 控制器只通过一个接入点就可以与整个工作站的机器人通信,大幅度降低成本,若增加机器人数量,只需额外增加一个块。在 IRC5 控制器中融合了业界控制机器人及外围设备最先进操作系统,最具特色的 Robotware OS 是目前市场上最强的操作系统。KUKA 机器人公司出品的 KRC4 控制器具有高效、安全、灵活和智能化等优点,使其在机器人行业保持着较高的领导地位,将安全控制、机器人控制、运动控制、逻辑控制及工艺控制集中在一个开放高效的数据标准构架中,具有高性能、可升级和灵活性等特点,如图 3.8 所示。

图3.7　IRC5 控制器　　　　图3.8　KRC4 控制器

项目 4　工业机器人编程基础

任务 1　认识 RAPID 编程语言与程序构架

【任务目标】

1. 熟知 RAPID 程序语言；
2. 掌握 RAPID 数据、指令和函数的定义及特点；
3. 掌握 RAPID 程序构架、组成及各部分之间的关系；
4. 掌握建立程序模块和例行程序的方法及步骤。

【任务引入】

在掌握了 RAPID 程序语言、数据、指令和函数的定义及特点的基础上，弄清楚 RAPID 程序构架、组成及各部分之间的关系，学会新建例行程序和程序模块的方法，并能利用示教器，在工业机器人上建立程序模块和例行程序。

【背景知识】

一、RAPID 语言及其数据、指令、函数

1. RAPID 语言

RAPID 语言是一种由机器人厂家针对用户示教编程所开发的机器人编程语言，其结构和风格类似于 C 语言。RAPID 程序就是把一连串的 RAPID 语言人为有序地组织起来，形成应用程序。通过执行 RAPID 程序可以实现对机器人的操作控制。RAPID 程序可以实现操纵机器人运动、控制 I/O 通信、执行逻辑计算、重复执行指令等功能。不同厂家生产的机器人编程语言会有所不同，但在实现的功能上大同小异。

2. RAPID 数据、指令和函数

RAPID 程序的基本组成元素包括数据、指令、函数。

（1）RAPID 数据

RAPID 数据是在 RAPID 语言编程环境下定义的用于存储不同类型数据信息的数据结构类型。在 RAPID 语言体系中，定义了上百种工业机器人可能运用到的数据类型，存放机器人编程需要用到的各种类型的常量和变量。同时，RAPID 语言允许用户根据这些已经定义好的数据类型，依照实际需求创建新的数据结构。

RAPID 数据按照存储类型可以分为变量（VAR）、可变量（PERS）和常量（CONTS）三大类。在对变量进行定义时，可以赋值，也可以不赋值。在程序中遇到新的赋值语句，当前值改变，但初始值不变，遇到指针重置（指针重置是指程序指针被人为地从一个例行程序移至另一个例行程序，或者 PP 移至 main）又恢复到初始值。在对可变量进行定义时，必须赋予

初始值,常量在程序中遇到新的赋值语句,当前值改变,初始值也跟着改变,初始值被反复修改(多用于生产计数)。在对常量进行定义时,必须赋予初始值。常量在程序中是一个静态值,不能赋予新值,想修改只能通过修改初始值来更改。

项目2中学习过的工具数据就是其中的一种。常用的程序数据的定义和用法将会在4.2节中详细介绍。

(2) RAPID指令和函数

RAPID语言为了方便用户编程,封装了一些可直接调用的指令和函数,其本质都是一段RAPID程序。RAPID语言的指令函数多种多样,可以实现运动控制、逻辑运算、输入输出等不同的功能。比如,运动指令,可以控制机器人的运动。在后文中将详细介绍MoveJ和MoveL等一些常用的运动指令。再比如,逻辑判断指令,可以对条件分支进行判断,实现机器人行为的多样化。指令程序可以带有输入变量,但无返回值。与指令不同,RAPID语言的函数是具有返回值的程序,例如,下文将介绍的Offs指令就属于函数。RAPID语言中的常见指令及函数说明详见附录。

RAPID语言中,定义了很多保留字,它们都有特殊意义,因此不能用作RAPID程序中的标识符(即定义模块、程序、数据和标签的名称),保留字详见附录。此外,还有许多预定义数据类型名称、系统数据、指令和有返回值程序也不能用作标识符。

除了本书中所涉及的指令与函数外,RAPID语言所提供的其他数据、指令和函数的应用方法和功能,可以通过查阅RAPID指令、函数和数据类型技术参考手册进行学习。

二、RAPID程序构架

一台机器人的RAPID程序由系统模块与程序模块组成,每个模块中可以建立若干程序,如图4.1所示为RAPID程序的架构图。

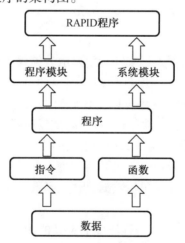

图4.1 RAPID程序的架构图

通常情况下,系统模块多用于系统方面的控制,而只通过新建程序模块来构建机器人的执行程序。机器人一般都自带USER模块与BASE模块两个系统模块,如图4.2所示。机器人会根据应用用途的不同,配备相应应用的系统模块。例如,焊接机器人的系统模块如图4.3所示。建议不要对任何自动生成的系统模块进行修改。

在设计机器人程序时,可根据不同的用途创建不同的程序模块,如用于位置计算的程序模块,用于存储数据的程序模块等,这样便于归类管理不同用途的例行程序与数据。

图4.2 一般机器人的系统模块

图4.3 焊接机器人的系统模块

应该注意的是,在 RAPID 程序中,只有一个主程序 main,并且作为整个 RAPID 程序执行的起点,可存在于任意一个程序模块中。每一个程序模块一般包含程序数据、程序、指令和函数四种对象。程序主要分为 Procedure、Function 和 Trap 三大类,如图 4.4 所示。Procedure 类型的程序没有返回值;Function 类型程序有特定类型的返回值;Trap 类型的程序叫作中断例行程序,Trap 例行程序和某个特定中断连接,一旦中断条件满足,机器人将转入中断处理程序。

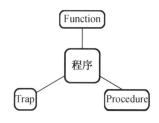

图4.4 程序类型

【任务实施】

一、任务实施目的

新建程序模块及例行程序

1. 熟知 RAPID 程序语言;
2. 掌握 RAPID 数据、指令和函数的定义及特点;
3. 掌握 RAPID 程序构架、组成及各部分之间的关系;
4. 掌握建立程序模块和例行程序的方法及步骤;
5. 培养实践动手能力;
6. 深入强化 6S 管理素养。

二、设备和工具

IRB120 型 ABB 工业机器人集成多功能实训台,如图 1.10 所示。

三、任务实施内容

建立程序模块,并新建例行程序。

【任务考核】

考核项目	考核内容	要求及评分标准	配分	成绩
理论知识	RAPID 语言	RAPID 语言定义及其特点	5	
		RAPID 数据类型	5	
		RAPID 指令及函数的定义	10	
	RAPID 程序构架	简述 RAPID 程序构架组成	10	
实际操作评定	建立程序模块	正确建立一个程序模块	20	
	新建例行程序	以自己名字首字母命名,新建例行程序	20	
文明生产	安全操作	符合安全操作规程	10	
	6S 标准执行	工作过程符合 6S 标准,及时清理维护设备	10	
	团队合作	具备小组间沟通、协作能力	10	
	合计		100	
	开始时间:	结束时间:		

【习题思考】

1. RAPID 是一种(　　),所包含的指令可以(　　)、(　　)、读取输入,还能实现决策、(　　)、(　　)与系统操作员交流等。

2. 一个程序模块一般包括(　　)、(　　)、(　　)和(　　)四种对象,但不是每个模块中都会有这四种对象。

3. 如何正确建立一个程序模块?

4. 如何新建一个例行程序?

任务2　认知和使用程序数据

【任务目标】

1. 熟知 ABB 工业机器人程序数据及其分类方式;
2. 熟知 ABB 工业机器人程序数据的存储类型;
3. 熟悉常用数学运算指令及赋值指令;
4. 能够熟练进行常用程序数据的建立并对其进行赋值。

【任务引入】

在熟知 ABB 工业机器人程序数据分类方式及存储类型的基础上,正确识别常用的程序

项目4 工业机器人编程基础

数据,并能利用示教器,在工业机器人上完成数值数据 num 的建立,并能够对其进行赋值。

【背景知识】

一、程序数据基础知识

要想实现复杂的逻辑判断和流程设计,还需进行工业机器人编程调试等内容的学习。ABB 工业机器人的程序数据共有 76 个,数据中存放的是编程需要用到的各种类型的常量和变量,并可以根据实际情况进行程序数据的创建,为 ABB 工业机器人的程序编辑和设计带来无限的可能和发展。

如图 4.5 所示,单击 ABB 按钮,出现主菜单界面,点击程序数据,就会显示全部程序数据的类型,如图 4.6 所示为"程序数据"的界面窗口。操作者可以通过示教器中的程序数据窗口查看所需要的程序数据及类型,根据需要从列表中选择一个数据类型。在新建程序数据时,如图 4.7 所示,可在其声明界面对程序数据类型的名称、范围、存储类型、任务、模块、例行程序和维数进行设定。

图 4.5　主菜单界面　　　　　　　　图 4.6　程序数据界面

图 4.7　程序数据声明界面

· 117 ·

1. 程序数据的存储类型

程序数据的存储类型可以分为三大类：变量 VAR、可变量 PERS 和常量 CONST，这三个数据存储类型的特点如下：

(1) 变量 VAR：变量型数据在执行或停止时，会保留当前的值，不会改变。但当程序指针被移动到主程序后，变量型数据的数值会丢失。定义变量时可以赋初始值，也可以不赋予初始值。变量 VAR 赋值的举例说明见表 4.1。

表 4.1 变量 VAR 举例说明

变量数据声明举例	程序说明
PROC Routine1() 　　VAR num length:=1; 　　VAR string name:="Mike"; 　　VAR bool start:=TRUE; 　　\<SMT\> ENDPROC ENDMODULE	VAR num lenth：=1，表示名称为 lenth 的数值数据，初始值为 1； VAR string name：="Mike"，表示名称为 name 的字符数据，初始值为 Mike； VAR bool finished：=TRUE，表示名称为 finished 的布尔量数据，初始值是 TRUE

机器人执行过程中，也可以对变量存储类型程序数据进行赋值操作，见表 4.2。

表 4.2 程序执行中对变量赋值举例说明

变量数据声明举例	程序说明

PROC Routine1()
　　VAR num length:=1;
　　VAR string name:="Mike";
　　VAR bool start:=TRUE;
　　\<SMT\>
ENDPROC
PROC bhcy()
　　length := 10 - 1;
　　name := Mike;
　　start := FALSE;
ENDPROC
	将名称为 lenth 的数值数据赋值为 10-1；
	将名称为 name 的字符数据赋值为 Mike；
	VAR bool finished：=TRUE，将名称为 finished 的布尔量数据赋值为 TRUE；
	但是，在程序中执行变量型程序数据的赋值时，在指针复位后将恢复为初始值

(2) 可变量 PERS：与变量数据不同，可变量不管程序的指针如何，都会保持最后被赋予

的值。在定义时,所有可变量必须被赋予一个相应的初始值。可变量 PERS 举例说明见表4.3。

表 4.3 可变量 PERS 举例说明

变量数据声明举例	程序说明
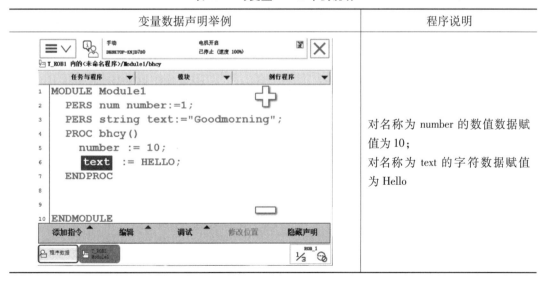	PERS num number:=1,表示名称为 number 的数值数据初始值为 1; VAR string text:="Good morning",表示名称为 text 的字符数据初始值为 Good morning;

机器人执行 RAPIDC 程序过程中,也可以对可变量存储类型程序数据进行赋值操作,见表 4.4。

表 4.4 可变量 PERS 举例说明

变量数据声明举例	程序说明
	对名称为 number 的数值数据赋值为 10; 对名称为 text 的字符数据赋值为 Hello

但在执行表格中程序后,赋值结果会一直保持不变,与程序指针的位置无关,直到对数据重新进行了赋值,才会改变原来的值。

(3)常量 CONST:常量型数据指的是在定义时就被赋予了特定数值的数据,并不能在程序中进行改动,只能手动进行修改,否则数值一直不变。在定义时,所有常量必须被赋予一个相应的初始值。常量 CONST 举例说明见表 4.5。存储类型为常量的程序数据,不允许在程序中进行赋值的操作。

表 4.5 常量 CONST 举例说明

变量数据声明举例	程序说明

MODULE Module1
  CONST num gravity:=3.15;
  CONST string greating:="OK";
ENDMODULE
	CONST num gravity：=3.15,表示名称为 gravity 的数值数据初始值为 3.15；
	CONST string greating：="OK",表示名称为 greating 的字符数据初始值为 OK

2. 常用的程序数据

在程序的编辑中,根据不同的数据用途,定义了不同的程序数据。在 76 个 ABB 工业机器人的程序数据中,有一些是机器人系统常用的程序数据,如表 4.6 所示。

表 4.6 常用程序数据表

程序数据	说明
bool	布尔量
byte	整数数据 0～255
clock	计时数据
dionum	数字输入/输出信号
extjoint	外轴位置数据
intnum	中断标识符
jointtarget	关节位置数据
loaddata	负荷数据
mecunit	机械装置数据
num	数值数据
orient	姿态数据
pos	位置数据(只有 X、Y 和 Z)
pose	坐标转换
robjoint	工业机器人轴角度数据

表 4.6(续)

程序数据	说明
robtarget	工业机器人与外轴的位置数据
speeddata	工业机器人与外轴的速度数据
string	字符串
tooldata	工具数据
trapdata	中断数据
wobjdata	工件数据
zonedata	TCP 转弯半径数据

常用的程序数据类型有：bool、byte、clock、jointtarget、loaddata、num、pos、robjoint、speeddata、string、tooldata 和 wobjdata 等。数据设定参数的说明见表4.7。

表 4.7 数据设定参数说明表

数据设定参数	说明
名称	设定数据的名称
范围	设定数据可使用的范围,分全局、本地和任务三个选择。全局表示数据可以应用在所有的模块中;本地表示定义的数据只可以应用于所在的模块中;任务则表示定义的数据只能应用于所在的任务中
储存类型	设定数据的可存储类型:变量、可变量、常量
任务	设定数据所在的任务
模块	设定数据所在的模块
例行程序	设定数据所在的例行程序
维数	设定数据的维数,数据的维数一般是指数据不相干的几种特性
初始值	设定数据的初始值,数据类型不同初始值不同,根据需要选择合适的初始值

不同类型的常用程序数据的用法如下：

(1)bool:布尔量,用于逻辑值,bool 型数据值可以为 true 或 false。

例如：VAR bool flag1；

Flag1：= false；

(2)byte:用于符合字节范围(0～255)的整数数值,代表一个整数字节值。

例如：VAR byte data2： =177；

(3)clock:用于时间测量,功能类似秒表,用于定时;存储时间测量值,以 s 为单位,分辨率为 0.001 s,且必须为 VAR 变量。

例如：VAR clock ourclock；

ClkReset ourclock；

作用是重置时钟 clock。

（4）jointtarget：用于通过指令 MoveAbsJ 确定机械臂和外轴移动到的位置，规定机械臂和外轴的各单独轴位置。其中 robax axes 表示机械臂轴位置，以度为单位。extemal axes 表示外轴的位置，对于线性外轴，其位置定义为与校准位置的距离（mm）；对于旋转外轴，其位置定义为从校准位置起旋转的度数。

例如：CONTS jointtarget calib_pos；=[[0,0,0,0,0,0],[0,9E9,9E9, 9E9,9E9, 9E9]]；

定义机器人在 calib_pos 的正常校准位置，以及外部轴 a 的正常校准置值 0（(°)或mm），未定义外轴 b 到 f。

（5）loaddata：用于描述附于机械臂机械界面（机械臂安装法兰）的负载，负载数据常常定义机械臂的有效负载或支配负载（通过定位器的指令 GripLoad 或 MechUnitLoad 来设置），即机械臂夹具所施加的负载。同时将 loaddata 作为 tooldata 的组成部分，以描述工具负载。loaddata 参数见表4.8。

表4.8 loaddata 参数表

序号	参数	名称	类型	单位
1	mass	负重的质量	num	kg
2	cog	有效负载的重心	pos	mm
3	aom	矩轴的姿态	orient	
4	inertia X	力矩 X 轴负载的惯性矩	num	$kg \cdot m^2$
5	inertia Y	力矩 Y 轴负载的惯性矩	num	$kg \cdot m^2$
6	inertia Z	力矩 Z 轴负载的惯性矩	num	$kg \cdot m^2$

例如：PERS Ioaddata piece1：=[8,[80,0,80],[1,0,0,0],0,0,0]；

质量8 kg，重心坐标 $X=80$，$Y=0$ 和 $Z=80$ mm，有效负载为一个点质量。

（6）num：此数据类型的值可以为整数（例如-8）和小数（例如3.165），也可以呈指数形式写入（例如 $2E4 = 2 \times 10^4$），该数据类型始终将 $-8\,388\,607$ 与 $+8\,388\,608$ 之间的整数作为准确的整数储存。小数仅为近似数字，因此不得用于等于或不等于对比。若为使用小数的除法运算，则结果也将为小数，即并非一个准确的整数。

例如：VAR num reg3；

……

Reg3：=6；

将 reg3 指定为值6。

（7）pos：用于各位置（仅 X、Y、Z），描述 X、Y 和 Z 位置的坐标。其中 X、Y 和 Z 参数的值均为 num 数据类型。

例如：VAR pos pos1；

……

Pos1：={300,0,840}；

Pos1 的位置为 $X=300$ mm，$Y=0$ mm，$Z=840$ mm。

(8) robjoint：用于定义机械臂轴的位置,单位是(°)。robjoint 类数据用于存储机械臂轴 1 到轴 6 的轴位置,将轴位置定义为各轴(臂)从轴校准位置沿正方向或负方向旋转的度数。

例如：rax_1:robot axis 1；

机械臂轴 1 位置距离校准位置的度数,数据类型为 num。

(9) speeddata：用于规定机械臂和外轴均开始移动时的速率。速度数据定义以下速率：工具中心点移动时的速率；工具的重新定位速度；线性或旋转外轴移动时的速率。当结合多种不同类型的移动时,其中一个速率常常限制所有运动。这时将减小其他运动的速率,以便所有运动同时停止执行。与此同时,通过机械臂性能来限制速率,将会根据机械臂类型和运动路径而有所不同。

例如：VAR speeddata vspeed：=[900,50,300,20]

定义速度数据 vspeed,对于 TCP,速率为 900 mm/s；对于工具的重新定位,速率为 50°/s；对于线性外轴,速率为 300 mm/s；对于旋转外轴,速率为 20°/s。

(10) string：用于字符串。字符串由一系列附上引号(" ")的字符(最多 80 个)组成,例如,"这是一个字符串"。如果字符串中包括引号,必须保留两个引号,例如,"本字符串包含一个""字符"。如果字符串包括反斜线,则必须保留两个反斜线符号,例如,"本字符串包含\\字符"。

例如：VAR string text；

……

text：="start doing work 1"；

TP Write text；

在 Flexpendant 示教器上写入文本 start doing work 1。

(11) tooldata：用于描述工具(例如焊枪或夹具)的特征。此类特征包括工具中心点(TCP)的位置、方位,以及工具负载的物理特征。如果工具得以固定在空间中(固定工具),则工具数据首先定义空间中该工具的位置、方位和 TCP。随后,描述机械臂所移动夹具的负载。

例如：PERS tooldata gripper：=[TRUE,[[84.6,0,196.7],[0.9240,0.383,0]],[9, [34,0,65],[1,0,0,0],0,0,0]]；

机械臂正夹持着工具,TCP 所在点与安装法兰的直线距离为 196.7 mm,且沿腕坐标系 X 轴 84.6 mm；工具的 X' 方向和 Z' 方向相对于腕坐标系 Y 方向旋转 45°；工具质量为 9 kg；重心所在点与安装法兰的直线距离为 65 mm,且沿腕坐标系 X 轴 34 mm；可将负载视为一个点质量,即不带任何惯性矩。

(12) wobjdata：用于描述机械臂处理其内部移动的工件,例如焊接。如果在定位指令中定义工件,则位置将基于工件坐标。如果使用固定工具或协调外部轴,则必须定义工件,因为路径和速率随后将与工件而非 TCP 相关。工件数据也可用于点动：可使机械臂朝工件方向点动,根据工件坐标系,显示机械臂的当前位置。

例如：PERS wobjdata wobj1：=[FALSE,TRUE," ",[[200, 500,400],[1,0,0,0]], [[0,300,40],[1,0,0,0]]]；

"FALSE"代表机械臂未夹持着工件,"TRUE"代表使用固定的用户坐标系。用户坐标系不旋转,且其在大地坐标系中的原点坐标为 $X=200$ mm、$Y=500$ mm 和 $Z=400$ mm；目标坐标系不旋转,且其在用户坐标系中的原点坐标为 $X=0$ mm、$Y=300$ mm 和 $Z=40$ mm。

例如：wobj1. oframe. trans. z：=47.5；

将工件 wobj1 的位置沿 Z 方向调整至 47.5 mm 处。

二、常用的数学运算指令

RAPID 程序指令含有丰富的功能,按照功能和用途可以对其进行分类。下面重点介绍日常编程中运用到的一些常用的数学运算指令,见表 4.9 所示。

表 4.9　数学运算指令功能举例

指令名称	功能	程序实例	程序说明
Clear	用于清除数值变量或永久数据对象,即将数值设置为 0	例如：Clear reg1	Reg1 得以清除,即 reg1：=0

Add	用于从数值变量或者永久数据对象增减一个数值	例如：
		Add reg1, 2;
		例如：
		Add reg1, -reg2
			将 2 增加到 reg1,即 reg1：=reg1+2;
			reg2 的值得以从 reg1 中减去,即 reg1：=reg1-reg2

Incr	用于向数值变量或者永久数据对象增加 1	例如：
		VAR num no_of_parts：=0;
		…
		WHILE stop_production=0 DO
		produce part;
		Incr no_of parts;
		TPWrite"No of. produced parts = " \Num；
		= no_ of _parts；
		ENDWHILE
			更新 FlexPendant 示教器上各循环所产生的零件数。只要未设置输入信号 stop_production,则继续进行生产

Decr	用于从数值变量或者永久数据对象减去 1,与 Incr 用法一样,但作用刚好相反	例如：
		VAR dnum no__of_parts：=0;
		….
		TPReadDnum no_of_parts, "How many parts should be produced？";
		WHILE no of parts >0 DO
		produce_ part;
		Decr no_ of_ parts;
		ENDWHILE
			要求操作员输入待生产零件的数量。变量 no_of_parts 用于统计必须继续生产的数量

三、赋值指令与程序数据的赋值方法

赋值指令": =",如图 4.8 所示,用于对程序中的数据进行赋值,赋值的方式可以为将

一个常量赋值给程序数据,还可以将数学表达式赋值给程序数据,方法示例如下:

例1 常量赋值:reg1:=2。

例2 表达式赋值:reg2:=reg1+3。

数据赋值时,变量与值数据类型必须相同。程序运行时,常量数据不允许赋值。

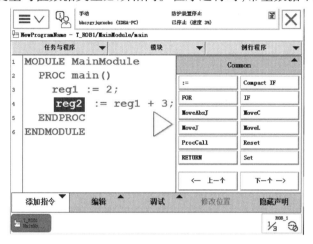

图 4.8 赋值指令示意图

编程时,还可以通过赋值指令,运用表达式的方法实现数学计算中像加减乘除这样的基础运算。如图 4.9 所示,选择":="后,在界面中点击"+"便可进行加减乘除表达式的编辑。

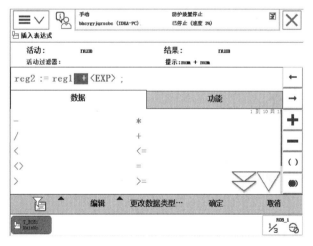

图 4.9 表达式编辑示意图

【任务实施】

一、任务实施目的

1.熟知 ABB 工业机器人程序数据的分类方式;

定义数值数据变量并赋值

2.熟知 ABB 工业机器人程序数据的存储类型；

3.掌握并识别常用的程序数据；

4.能够熟练进行常用程序数据的建立；

5.培养实践动手能力；

6.深入强化 6S 管理素养。

二、设备和工具

IRB120 型 ABB 工业机器人集成多功能实训台,如图 1.10 所示。

三、任务实施内容

数值数据变量 num 的定义及赋值。

【任务考核】

考核项目	考核内容	要求及评分标准	配分	成绩
理论知识	ABB 工业机器人的程序数据	程序数据的分类有哪些？	5	
		程序数据的存储类型有哪些？	5	
		变量、可变量和常量的定义及特点是什么？	10	
		常用程序数据有哪些？	5	
	程序数据建立方法	简述程序数据建立的方法和步骤	5	
实际操作评定	建立程序数据	定义数值数据变量 number	20	
		对变量 number 进行赋值	20	
文明生产	安全操作	符合安全操作规程	10	
	6S 标准执行	工作过程符合 6S 标准,及时清理维护设备	10	
	团队合作	具备小组间沟通、协作能力	10	
合计			100	
开始时间：		结束时间：		

【习题思考】

1.程序数据的存储类型可以分为三大类:(　　)、(　　)和(　　)。

2.变量型数据在执行或停止时,会保留(　　),不会改变。

3.可变量不管程序的指针如何,都会保持(　　)。在定义时,所有可变量必须被赋予(　　)。

4.程序数据有哪几种赋值方法？

5.简述程序数据建立的方法和步骤。

任务3　运动指令的认知与使用

【任务目标】

1. 熟知工业机器人常见运动指令的类型、特点及添加方法；
2. 掌握手动运动模式下程序调试的方法和步骤；
3. 掌握Offs位置偏移函数定义及用法；
4. 能利用所学运动指令示教二维图形轨迹。

【任务引入】

在熟知机器人运动指令的类型、掌握不同指令的特点及添加方法的基础上，学会手动模式下程序调试的方法，掌握Offs位置偏移函数定义及用法，并能够运用常用运动指令示教二维图形(如图4.10所示)轨迹。

图4.10　二维图形实例

【背景知识】

工业机器人在空间上的运动方式主要有绝对位置运动、关节运动、线性运动和圆弧运动四种，每一种运动方式对应一个运动指令。运动指令即通过建立示教点指示机器人按一定轨迹运动的指令。机器人末端TCP移动轨迹的目标点位置即为示教点。

一、常用运动指令及用法

常用运动指令及用法说明如表4.10所示。

表4.10　常见运动指令及用法说明表

指令	指令功能说明
MoveAbsJ	将机器人移动到绝对轴位置
MoveJ	通过关节移动机器人
MoveL	使机器人做直线运动
MoveC	使机器人做圆弧运动
MoveExtJ	移动一个或者多个没有TCP的机械单元
MoveJDO	关节运动的同时触发一个输出信号
MoveLDO	TCP线性运动的同时执行一个输出信号

表4.10(续)

指令	指令功能说明
MoveCDO	圆周移动机器人,并在转角处设置数字输出
MoveJSync	通过关节运动移动机器人,并执行一个RAPID程序
MoveLSync	用直线的运动方式移动机器人,并执行一个RAPID程序
MoveCSync	用圆周的运动方式移动机器人,并执行一个RAPID程序

1. 绝对位置运动指令 MoveAbsJ

如图4.11所示,绝对位置运动指令是指示机器人使用6个关节轴和外轴(附加轴)的角度值进行运动和定义目标位置数据的命令。MoveAbsJ指令常用于机器人回到机械零点的位置或Home点,详细解析见表4.11。Home点(工作原点)是一个机器人远离工件和周边机器的安全位置。当机器人在Home点时,会同时发出信号给其他远端控制设备如PLC。根据此信号可以判断机器人是否在工作原点,避免因机器人动作的起始位置不安全而损坏周边设备。

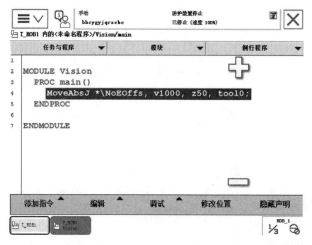

图4.11 绝对位置运动指令添加

表4.11 MoveAbsJ 指令解析

参数	定义	操作说明
*	目标点位置数据	定义机器人TCP的运动目标
\NoEOffs	外轴不带偏移数据	
V1000	运动速度数据,1 000 mm/s	定义速度(mm/s)
Z50	转弯区数据,转弯区的数值越大,机器人的动作越圆滑、流畅	定义转弯区的大小
Tool1	工具坐标数据	定义当前指令使用的工具坐标
Wobj1	工件坐标数据	定义当前指令使用的工件坐标

提示:在进行程序语句编写时,点击选中对应指令语句中的参数后,即可对参数进行编辑和修改。

2. 关节运动指令 MoveJ

如图 4.12 所示,关节运动指令是在对机器人路径精度要求不高的情况下,指示机器人工具中心点 TCP 从一个位置移动到另一个位置的指令。移动过程中机器人运动姿态不完全可控,但运动路径保持唯一,如图 4.13 所示。MoveJ 指令适合机器人需要大范围运动时使用,不容易在运动过程中发生关节轴进入机械奇异点的问题,该

关节运动指令的应用

指令详细解析见表 4.12。机器人达到机械奇异点,将会引起自由度减少,使得关节轴无法实现某些方向的运动,还有可能导致关节轴失控。

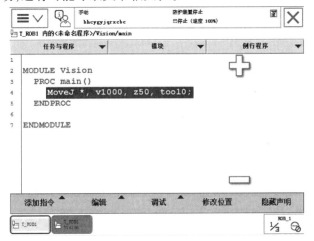

图 4.12 关节运动指令的添加

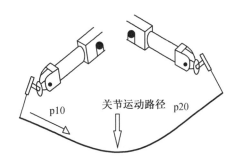

图 4.13 关节运动路径示意图

表 4.12 MoveJ 指令解析

参数	定义	操作说明
p10,p20	目标点位置数据	定义机器人 TCP 的运动目标
V1000	运动速度数据,1 000 mm/s	定义速度(mm/s)
Z50	转弯区数据,转弯区的数值越大,机器人的动作越圆滑、流畅	定义转弯区的大小
Tool1	工具坐标数据	定义当前指令使用的工具
Wobj1	工件坐标数据	定义当前指令使用的工件坐标

提示:运用 MoveJ 指令实现两点间的移动时,两点间整个空间区域需确保无障碍物,以防止由于运动路径不可预知所造成的碰撞。

直线运动指令的应用

3. 线性运动指令 MoveL

如图 4.14 所示为线性运动指令编程格式,该指令是指示机器人的 TCP 从起点到终点之间的路径始终保持为直线运动的指令。在此运动指令下,机器人运动状态可控,运动路径保持唯一,运动路径如图 4.15 所示。一般用于对路径要求高的场合,如焊接、涂胶等。

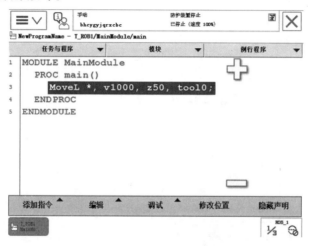

图 4.14 线性运动指令的添加

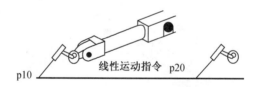

图 4.15 线性运动路径示意图

4. 圆弧运动指令 MoveC

圆弧运动指令是指示机器人在可到达范围内定义三个位置点,实现圆弧路径运动的命令,指令添加格式如图 4.16 所示。指令解析详见表 4.13。如图 4.17 所示,在圆弧运动位置点中,第一点是圆弧的起点,第二点确定圆弧的曲率,第三点是圆弧的终点。

圆弧运动指令的应用

项目4 工业机器人编程基础

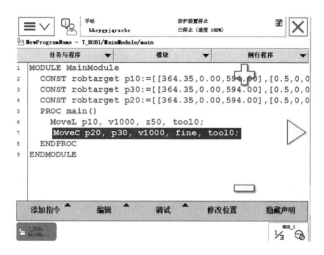

图4.16 圆弧运动指令的添加

表4.13 MoveC指令解析

参数	定义	操作说明
p10	圆弧的第一个点	定义圆弧的起点位置
p20	圆弧的第二个点	定义圆弧的曲率
p30	圆弧的第三个点	定义圆弧的终点位置
fine/z1	转弯区数据	定义转弯区的大小

提示:一个整圆的运动路径不可能仅通过一个MoveC指令完成。

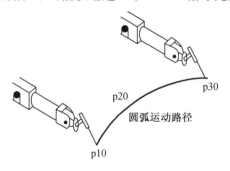

图4.17 圆弧运动路径示意图

二、手动运动模式下程序调试的方法

在建立好程序模块和所需的例行程序后,便可进行程序编辑。在编辑程序的过程中,需要对编辑好的程序语句进行调试,检查是否正确,调试方法包括单步和连续两种。在调试过程中,需要用到程序调试控制按钮,按钮功能见表4.14。

表 4.14 程序调试控制按钮说明

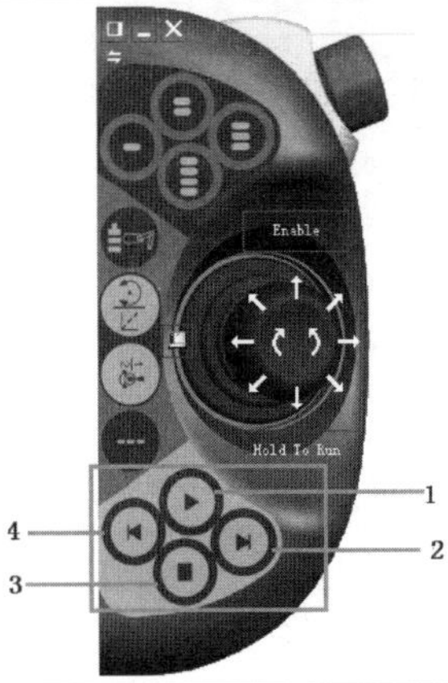

序号	名称	操作功能说明
1	连续	按压此按钮可以连续执行程序语句,直到程序结束
2	下一步	按压此按钮执行当前程序语句的下一条语句,按一次往下执行一句
3	暂停	按压此按钮停止当前程序语句的执行
4	上一步	按压此按钮执行当前程序语句的上一条语句,按一次往上执行一句

在手动运行模式下,可以通过点按程序调试控制按钮"上一步"和"下一步",进行机器人程序的单步调试。对所示教编写好的程序进行单步调试,确认无误后便可选择程序调试控制按钮"连续",对程序进行连续调试。

三、Offs 位置偏移函数的调用方法

工业机器人的示教编程中,受机器人工作环境的影响,为了避免碰撞引起故障和安全意外的出现,常常会在机器人运动过程中设置一些安全过渡点,在加工位置附近设置入刀点。如图 4.18 所示,位置偏移函数是指示机器人以目标点位置为基准,在其 X、Y、Z 方向上进行偏移的命令。Offs 指令常用于安全过渡点和入刀点的设置。Offs 参数解析见表 4.15。

表 4.15 Offs 参数变量解析

参数	定义	操作说明
p10	目标点位置数据	定义机器人 TCP 的运动目标
0	X 方向上的偏移量	定义 X 方向上的偏移量
0	Y 方向上的偏移量	定义 Y 方向上的偏移量
100	Z 方向上的偏移量	定义 Z 方向上的偏移量

函数是有返回值的,即调用此函数的结果是得到某一数据类型的值,在使用时不能单独作为一行语句,需要通过赋值或者作为其他函数的变量来调用。如图 4.18 所示的语句中,Offs 函数即作为 MoveL 指令的变量来调用的。

图 4.18 位置偏移函数 Offs 指令

【任务实施】

一、任务实施目的

1.熟知工业机器人常见运动指令的添加及使用方法；
2.能够在手动运动模式下调试程序；
3.用 Offs 位置偏移函数进行简单编程操作；
4.能利用所学运动指令完成二维图形轨迹的示教任务；
5.培养实践动手能力；
6.深入强化 6S 管理素养。

循迹二维图形

二、设备和工具

IRB120 型 ABB 工业机器人集成多功能实训台，如图 1.10 所示。

三、任务实施内容

运用常用运动指令示教如图 4.10 中的二维图形轨迹。

【任务考核】

考核项目	考核内容	要求及评分标准	配分	成绩
理论知识	常见运动指令	关节运动指令有哪些特点？	5	
		简述线性运动指令的用法	5	
		简述圆弧运动指令的特点及用法	5	
	手动模式下调试程序	简述手动模式下调试程序的方法和步骤	5	
	位置偏移函数	位置偏移函数的用法	5	

表(续)

考核项目	考核内容	要求及评分标准	配分	成绩
实际操作评定	运用常用运动指令示教二维图形轨迹	手动模式下调试程序	10	
		位置偏移函数	10	
		示教三角形轨迹	10	
		示教圆形轨迹	10	
		示教长方形轨迹	10	
文明生产	安全操作	符合安全操作规程	10	
	6S 标准执行	工作过程符合 6S 标准，及时清理维护设备	5	
	团队合作	具备小组间沟通、协作能力	10	
合计			100	
开始时间：		结束时间：		

【习题思考】

1. 绝对位置运动指令是(　　)的命令，即 MoveAbsJ 指令，常用于机器人回到(　　)的位置或(　　)点。

2. 关节运动指令是在对机器人(　　)要求不高的情况下，指示机器人(　　)从一个位置移动到另一个位置的指令。

3. 圆弧运动指令是指示机器人在可到达范围内定义(　　)，实现(　　)运动的命令。

4. 简述手动模式下调试程序的方法和步骤。

5. 简述位置偏移函数的用法。

任务4　常用 RAPID 指令的认知与使用

【任务目标】

1. 熟知工业机器人常用逻辑判断指令的类型、特点；
2. 掌握工业机器人常用逻辑判断指令的添加和使用方法；
3. 掌握调用例行程序指令 ProcCall 的用法；
4. 能利用所学逻辑判断指令实现正方形和圆形示教轨迹的选择。

【任务引入】

在掌握了调用例行程序指令 ProcCall、常用逻辑判断指令用法的基础上，使用已学过的条件判断指令，实现正方形与圆形示教轨迹的选择。当数据变量 A 为 0 时，机器人循迹正方形轨迹；当数据变量 A 为 1 时，机器人循迹圆形轨迹。

【背景知识】

一、常用逻辑判断指令及用法

条件逻辑判断指令用于对条件进行判断后，执行满足对应条件的相应操作，是 RAPID

程序中重要组成部分。常用的条件逻辑判断指令有 Compact IF、FOR、WHILE 和 TEST。

1. "Compact IF" 紧凑型条件判断指令

"Compact IF" 是紧凑型条件判断指令(表 4.16),用于当一个条件满足以后,就执行一句指令。

表 4.16 Compact IF 指令编程实例

Compact IF 指令编程举例	程序说明
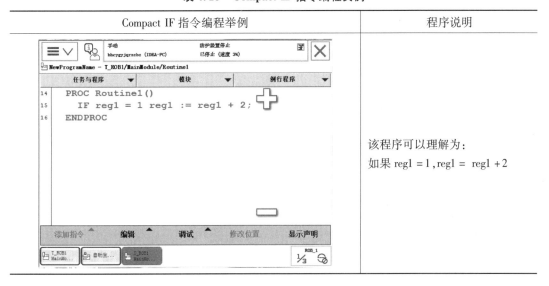	该程序可以理解为: 如果 reg1 = 1,reg1 = reg1 + 2

2. "IF" 条件判断指令

"IF" 条件判断指令用于根据不同的条件去执行不同的指令(表 4.17)。满足 IF 条件,则执行满足该条件下的指令。

表 4.17 IF 指令编程实例

IF 指令编程举例	程序说明
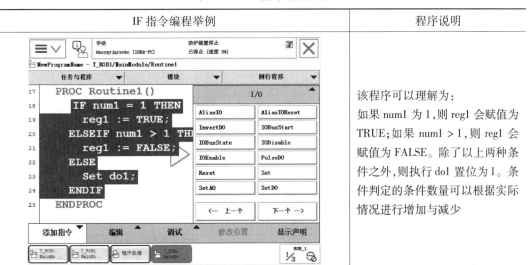	该程序可以理解为: 如果 num1 为 1,则 reg1 会赋值为 TRUE;如果 num1 > 1,则 reg1 会赋值为 FALSE。除了以上两种条件之外,则执行 do1 置位为 1。条件判定的条件数量可以根据实际情况进行增加与减少

3. "FOR"重复执行判断指令

"FOR"重复执行判断指令(表4.18),适用于一个或多个指令需要重复执行数次的情况。

表4.18 FOR重复执行指令编程实例

FOR 指令编程举例	程序说明
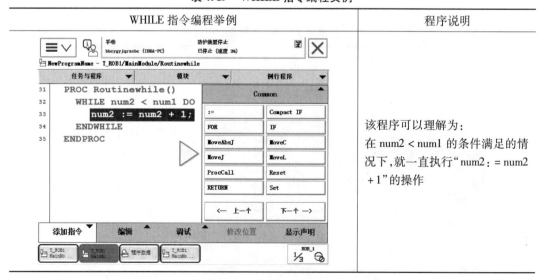	该程序可以理解为: 重复执行 Routinebhcy 100 次

4. "WHILE"条件判断指令

"WHILE"条件判断指令用于在给定条件满足的情况下,一直重复执行对应的指令(表4.19)。

表4.19 WHILE指令编程实例

WHILE 指令编程举例	程序说明
	该程序可以理解为: 在 num2 < num1 的条件满足的情况下,就一直执行"num2:= num2 + 1"的操作

5. "TESE"指令

根据表达式或数据的值,执行不同指令(表4.20)。当有待执行不同指令时,使用 TEST 指令。

项目4 工业机器人编程基础

表 4.20 TESE 指令编程实例

TESE 指令编程举例	程序说明
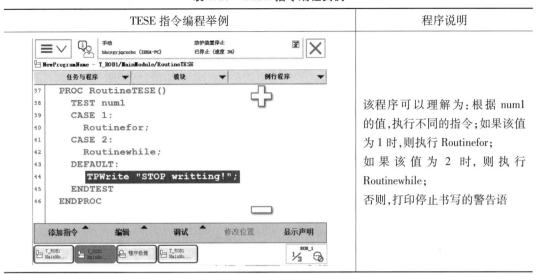	该程序可以理解为:根据 num1 的值,执行不同的指令;如果该值为 1 时,则执行 Routinefor;如果该值为 2 时,则执行 Routinewhile;否则,打印停止书写的警告语

二、调用例行程序指令及其他

1."ProcCall"调用例行程序指令

通过"ProcCall"指令,可以实现在指定位置调用例行程序。其操作如下:

(1)选择"＜SMT＞"为要调用例行程序的位置,并在"添加指令"列表中选择"ProcCall",如图 4.19 所示为"ProcCall"选择过程。

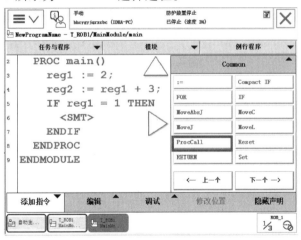

图 4.19 选择 ProCall 指令

(2)选中要调用的例行程序,然后单击"确定",如图 4.20 所示。

图4.20 选择需要调用的例行程序

（3）调用例行程序完毕，如图4.21所示。

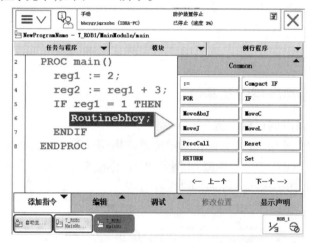

图4.21 程序调用成功

2."RETURN"返回例行程序指令

当指令被执行时，则马上结束本例行程序指令，返回程序指针到调用此例行程序的位置，如图4.22所示。

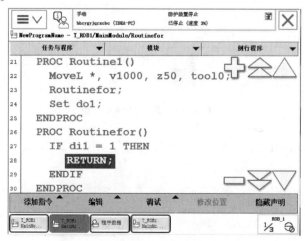

图4.22 程序调用成功

当 di1 =1 时,执行"RETURN"指令,程序指针返回到调用"Routinefor"的位置并继续向下执行"Set do1"这个指令。

【任务实施】

一、任务实施目的

1. 熟知工业机器人常用逻辑判断指令的类型、特点;
2. 掌握工业机器人常用逻辑判断指令的添加和使用方法;
3. 掌握调用例行程序指令 ProcCall 的用法;
4. 能利用所学逻辑判断指令实现正方形和圆形示教轨迹的选择;
5. 培养实践动手能力;
6. 深入强化 6S 管理素养。

利用 IF 指令实现正方形和圆形示教轨迹选择

二、设备和工具

IRB120 型 ABB 工业机器人集成多功能实训台,如图 1.10 所示。

三、任务实施内容

利用 IF、ProcCall 等指令实现正方形和圆形示教轨迹的选择。

【任务考核】

考核项目	考核内容	要求及评分标准	配分	成绩
理论知识	常用逻辑判断指令	Compact IF 指令的添加及使用方法	5	
		IF 指令的添加及使用方法	5	
		FOR 指令的添加及使用方法	5	
		WHILE 指令的添加及使用方法	5	
		TEST 指令的添加及使用方法	5	
	ProcCall 指令的用法	简述 ProcCall 指令的添加及使用方法	5	
实际操作评定	逻辑判断指令的编程应用	利用 IF 指令实现正方形和圆形示教轨迹的选择	30	
	ProcCall 指令的添加使用	使用调用例行程序指令 ProcCall 进行程序调用	10	
文明生产	安全操作	符合安全操作规程	10	
	6S 标准执行	工作过程符合 6S 标准,及时清理维护设备	10	
	团队合作	具备小组间沟通、协作能力	10	
		合计	100	
		开始时间:	结束时间:	

【习题思考】

1. 条件逻辑判断指令用于对( )进行判断后,执行( )的相应操作,是 RAPID 程序中重要组成部分。常用的条件逻辑判断指令有 Compact、( )、( )、( ),以及 TEST。

2. WaitTime 是( )指令,该指令用于程序中( )一个指定的时间以后,再继续向下执行。

3. RETURN 是( )指令,当指令被执行时,则马上( )本例行程序指令,返回程序指针到( )的位置。

4. 简述 WHILE 指令的有用法。

5. 简述 ProcCall 指令的用法。

任务 5 I/O 控制指令的认知与使用

【任务目标】

1. 熟知工业机器人常用 I/O 控制指令的类型、特点;
2. 掌握工业机器人常用 I/O 控制指令的添加和使用方法;
3. 掌握信号置位的方法及步骤;
4. 能利用 Set 数字信号置位指令和 Reset 数字信号置位指令进行置位。

【任务引入】

在掌握了工业机器人常用 I/O 控制指令的类型、特点及添加使用方法的基础上,使用 Set 数字信号置位指令和 Reset 数字信号置位指令对输入及输出信号进行置位。

【背景知识】

一、常用 I/O 指令

I/O 控制指令用于控制 I/O 信号,以实现机器人系统与机器人周边设备进行通信。在工业机器人中,主要是指通过对 PLC 的通信设置来实现信号的交互,例如当打开相应开关,使 PLC 输出信号,机器人系统接收到信号后,做出对应的动作,以完成相应的任务。

1. Set 数字信号置位指令

Set 数字信号置位指令用于将数字输出(Digital Ouput)置位为"1",添加方法如图 4.23 所示。

2. Reset 数字信号复位指令

Reset 数字信号复位指令用于将数字输出(Digital Output)置位为"0",添加方法如图 4.24 所示。

如果在 Set、Reset 指令前有运动指令 MoveL、MoveJ、MoveC 或 MoveAbsJ,那么转弯区数据必须使用"fine"才可以准确地输出 I/O 信号状态的变化,否则信号会被提前触发。

3. SetAO

用于改变模拟信号输出信号的值。如图 4.25 所示,利用该指令将信号 ao1 设置为 3.5。

项目4 工业机器人编程基础

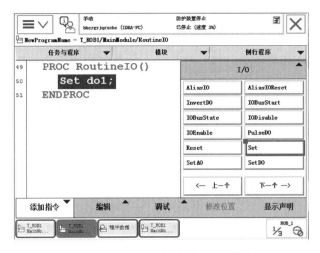

图 4.23 添加 Set 数字信号置位指令

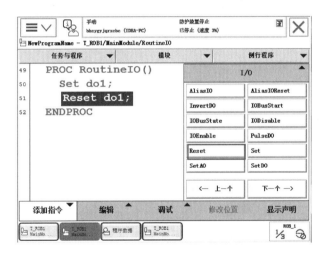

图 4.24 添加 Reset 数字信号置位指令

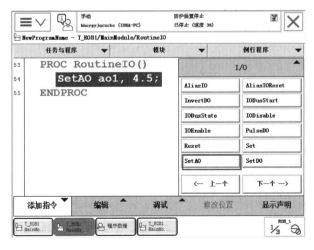

图 4.25 添加 SetAO 指令

4. SetDO

用于改变数字信号输出信号的值,如图 4.26 所示,将信号 do1 设置为 1。

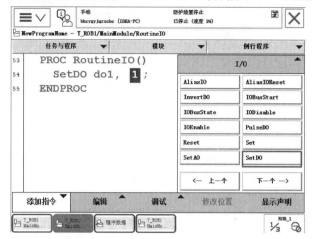

图 4.26　添加 SetDO 指令

5. SetGO

用于改变一组数字信号输出信号的值。如图 4.27 所示,将信号 go1 设置为 12。

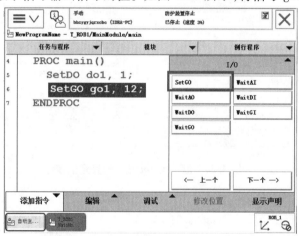

图 4.27　添加 SetGO 指令

6. WaitAI

即 Wait Analog Input,用于等待,直至已设置模拟信号输入信号值。如图 4.28 所示,只有当模拟信号 ai1 输入具有大于 6 的值之后,方可继续执行程序。其中 GT 即 Great Than,LT 即 Less Than。

7. WaitDI

即 Wait Digital Input,用于等待,直至已设置数字信号输入。如图 4.29 所示,只有当已设置 di1 输入为 1 后,才能继续执行程序。

8. WaitGI

即 Wait Group digital Input,用于等待,直至将一组数字信号输入信号设置为指定值。如图 4.30 所示,只有当 gi1 输入值为 5 后,程序才能继续执行。

项目4 工业机器人编程基础

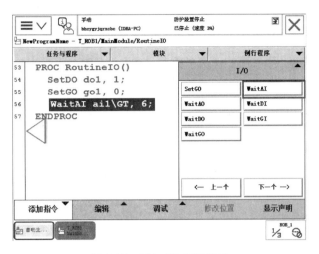

图 4.28 添加 WaitAI 指令

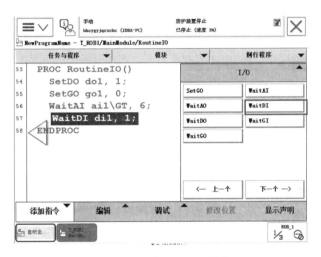

图 4.29 添加 WaitDI 指令

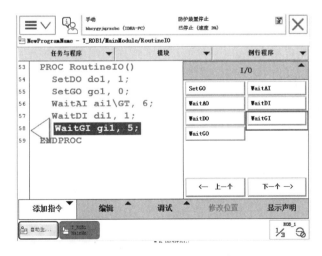

图 4.30 添加 WaitGI 指令

二、I/O 指令的用法

下面举一些实例,看一下 I/O 信号的用法,见表 4.21。

表 4.21 I/O 指令的用法

指令名称	程序实例	程序说明
Set	例如:Set do1;	将数字输出信号置位为 1
Reset	例如:Reset do1;	将数字输出信号置位为 0
SetAO	例如:Set ao2,5	将信号 ao2 设置为 4.5
SetDO	例如:SetDO do1,1;	将信号 do1 设置为 1
SetGO	例如:SetGO go1,10;	将信号 go1 设置为 10
WaitAI	例如:WaitAI ai1,\GT,3;	仅在 ai1 模拟信号输入具有大于 3 的值之后,方可继续执行程序。其中 GT 即 Greater Than,LT 即 Less Than
WaitDI	例如:WaitDI di1,0;	仅在已设置 di1 输入 0 后,继续执行程序
WaitGI	例如:WaitGI gi1,9;	仅在 gi1 输入已具有值 9 后,继续执行程序

【任务实施】

一、任务实施目的

1.熟知工业机器人常用 I/O 控制指令的类型、特点;
2.掌握工业机器人常用 I/O 控制指令的添加和使用方法;
3.掌握信号置位的方法及步骤;
4.能利用 Set 数字信号置位指令和 Reset 数字信号置位指令进行置位;
5.培养实践动手能力;
6.深入强化 6S 管理素养。

常见 I/O 信号指令的应用

二、设备和工具

IRB120 型 ABB 工业机器人集成多功能实训台,如图 1.10 所示。

三、任务实施内容

常见 I/O 信号指令的应用。

项目4 工业机器人编程基础

【任务考核】

考核项目	考核内容	要求及评分标准	配分	成绩
理论知识	常用的 I/O 控制指令	Set 数字信号置位指令的功能	5	
		Reset 数字信号复位指令的功能	5	
		SetAO 指令的功能	5	
		WaitAI 指令的功能	5	
		SetGO 指令的功能	5	
	I/O 指令的用法	简述各控制指令的用法	5	
实际操作评定	数字信号置位指令的应用	使用 set 数字信号置位指令输入及输出信号进行置位	20	
		使用 Reset 数字信号置位指令输入及输出信号进行置位	20	
文明生产	安全操作	符合安全操作规程	10	
	6S 标准执行	工作过程符合 6S 标准,及时清理维护设备	10	
	团队合作	具备小组间沟通、协作能力	10	
合计			100	
开始时间:		结束时间:		

【习题思考】

1. I/O 控制指令用于(　　　),以实现机器人系统与(　　　)进行通信。在工业机器人中,主要是指通过对(　　　)的通信设置来实现信号的交互。

2. Set 数字信号置位指令的功能:用于将(　　　)信号置位为"1"。

3. Reset 数字信号复位指令的功能:用于将(　　　)信号置位为"0"。

4. SetAO 指令的功能:用于改变(　　　)输出信号的值。

5. WaitAI 指令的功能是什么?

项目 5　工业机器人示教编程应用与调试

任务 1　数组的应用

【任务目标】

1. 熟知数组的定义及赋值方法;
2. 掌握 WaitTime 等待指令的添加和使用方法;
3. 掌握 RelTool 工具位置,以及姿态排异函数的用法;
4. 能利用所学指令,完成基础示教编程的应用——搬运工作任务。

【任务引入】

在掌握了数组的定义及赋值方法、WaitTime 等待指令、RelTool 工具位置及姿态排异函数的添加和使用方法的基础上,使用已学过的指令,完成基础示教编程的应用——搬运工作任务。

【背景知识】

一、数组的定义及赋值方法

在程序设计中,为了处理方便,把相同类型的若干变量按有序的形式组织起来,这些按序排列的同类数据元素的集合称为数组。

一维数组是最简单的数组,其逻辑结构是线性表。二维数组在概念上是二维的,即在两个方向上变化,而不是像一维数组只是一个向量;一个二维数组也可以分解为多个一维数组。

数组中的各元素是有先后顺序的,元素用整个数组的名字和它自己所在顺序位置来表示。例如:数组 a[3][4],是一个三行四列的二维数组,见表 5.1。例如 a[3][2] 代表数组的第 3 行第 2 列,故 a[3][2]=9。

表 5.1　二维数组 a[3][4] 元素表

	a[ ][1]	a[ ][2]	a[ ][3]	a[ ][4]
a[1][ ]	0	1	2	3
a[2][ ]	4	5	6	7
a[3][ ]	8	9	10	11

在 RAPID 语言中,数组的定义为 num 数据类型。程序调用数组时从行列数"1"开始

计算。

例如：MoveL RelTool(row_get, array _ get {count,1}, array_ get {count,2}, array get{count,3}), v30, fine, tool0;

此语句中调用数组"array_get"，当 count 值为 1 时，调用的即为"array_get"数组的第一行元数值，使得机器人运动到对应位置点。

二、Waittime 时间等待指令的用法

WaitTime 时间等待指令，用于程序中等待一个指定的时间，再往下执行程序。如图 5.1 所示，"Routinebhcy2"程序在等待 5 s 以后，才会向下执行"set do1。"

提示：如果在该指令之前采用 Move 指令，则必须通过停止点(fine)而非飞越点(即 Z 是有数值的点)来编程 Move 指令。否则，不可能在电源故障后重启。

图 5.1　WaitTime 时间等待指令

三、RelTool 工具位置及姿态排异函数的用法

工具位置及姿态偏移函数 RelTool，用于将通过有效工具坐标系表达的位移和/或旋转增加至机械臂位置。如图 5.2 所示程序用于改变位置，如图 5.3 所示用于改变姿态。

图 5.2　工具位置及姿态排异函数：位置变化

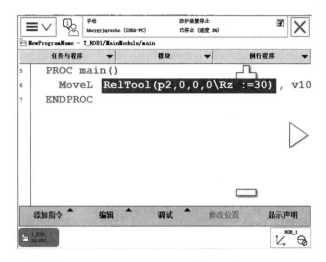

图 5.3 工具位置及姿态排异函数:姿态变化

以上图示程序的解析见表 5.2,其用法上与前文介绍的 Offs 函数相同。RelTool 参数变量解析见表 5.3。

表 5.2 RelTool 编程应用实例解析

程序实例	程序解析
MoveL RelTool(p2,0,0,10),v1000,z50.tool0;	沿工具的 Z 方向,将机械臂移动至距 p1 达 10 mm 的一处位置
Movel RelTool (p2,0,0,0\\Rz:=30),v100,fine,tool1;	将工具围绕其 Z 轴旋转 30°

表 5.3 RelTool 参数变量解析

参数	定义	操作说明
p1	目标点位置数据	定义机器人 TCP 的运动目标
0	X 方向上的偏移量	定义 X 方向上的偏移量
0	Y 方向上的偏移量	定义 Y 方向上的偏移量
10	Z 方向上的偏移量	定义 Z 方向上的偏移量
\Rx	绕 X 轴旋转的角度	定义 X 方向上的旋转量
\Ry	绕 Y 轴旋转的角度	定义 Y 方向上的旋转量
\Rz;=25	绕 Z 轴旋转的角度	定义 Z 方向上的旋转量

【任务实施】

一、任务实施目的

1. 熟知数组的定义及赋值方法；
2. 掌握 WaitTime 等待指令的添加和使用方法；
3. 掌握 RelTool 工具位置及姿态排异函数的用法；
4. 能利用所学指令，完成基础示教编程的应用——搬运工作任务；
5. 培养实践动手能力；
6. 深入强化 6S 管理素养。

利用数组实现搬运码垛

二、设备和工具

IRB120 型 ABB 工业机器人集成多功能实训台，如图 1.10 所示。

三、任务实施内容

利用数组实现搬运码垛。

【任务考核】

考核项目	考核内容	要求及评分标准	配分	成绩
理论知识	重用逻辑判断指令	数组的定义	5	
		数组的赋值方法	5	
	WaitTime 等待指令	WaitTime 等待指令的添加和使用方法	10	
	RelTool 函数	RelTool 工具位置及姿态排异函数的用法	10	
实际操作评定	利用数组实现搬运码垛	利用数组实现搬运码垛	40	
文明生产	安全操作	符合安全操作规程	10	
	6S 标准执行	工作过程符合 6S 标准，及时清理维护设备	10	
	团队合作	具备小组间沟通、协作能力	10	
合计			100	
开始时间：		结束时间：		

【习题思考】

1. 在程序设计中，为了处理方便，把相同类型的若干（　　）按有序的形式组织起来，这些按序排列的（　　）的集合称为数组。
2. WaitTime 是（　　）指令，用于程序中等待一个（　　），再往下执行程序。
3. 数组中的各元素是有（　　）的，元素用整个数组的名字和它自己所在（　　）来表示。
4. 简述工具位置及姿态偏移函数 RelTool 的功能及用法。

任务2 工业机器人高级示教编程与调试

【任务目标】

1. 熟知 Function 函数功能与输入输出分析；
2. 掌握 Label 指令和 GOTO 指令的用法；
3. 掌握程序的中断和停止相关指令用法；
4. 掌握程序的自动运行和导入导出方法；
5. 能够应用以上函数或指令进行编程及程序调试。

【任务引入】

在熟知 Function 函数功能与输入输出分析基础上,掌握 Label 指令和 GOTO 指令的用法、程序的中断和停止相关指令用法、程序的自动运行和导入导出方法,并能对工业机器人进行示教编程及调试,编制程序实现对两个变量做比较,如果变量的正负符号相同则执行绘制圆形程序,如果符号相反则执行绘制三角形程序。

【背景知识】

一、Function 函数程序

1. 函数功能与输入输出分析

下面来讲用户自行编写 Function 函数的方法。如图 5.4 所示为一个典型函数的结构,通过观察可以发现函数包含输入变量、输出返回值和程序语句三个要素。

例如,现在需要编写一个判断任意输入数据所处的区间范围(0~10,11~20 或 21~30)的函数。此函数实现的功能为,当输入数据在 0~10 区间内时,其返回值为 1;输入数据在 11~20 区间内时,其返回值为 2;输入数据在 21~30 区间内时,其返回值为 3。以此函数的编写为例讲解一下分析思路。

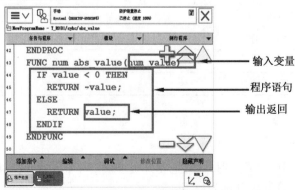

图 5.4 函数结构

首先,根据函数功能要求明确输入变量:输入的是一个待比较的数,再根据更详细的功能需求可以进一步确定这个数的数据类型,比如 intnum、num 是变量还是可变量,等等。最后设计变量的初始值。

然后分析实现函数功能的程序语句如何编写。函数功能要求获取输入变量所在的区间,因此要使用不等式作为判断三个区间的条件,可以选用 IF 或 TEST 指令完成判断,并在判断出所在区间之后通过 RETURN 指令返回一个代表判断结果的值。

最后,明确返回值的要求和数据类型。对返回值的要求是:让外界识别通过判断得出的结果。在此,可以将数据在三个区间的对应返回值分别设置为 1,2,3。

这就是编写一个函数时的分析过程,在实际应用时,根据具体情况判断对函数三个要素的要求,进而完成程序设计。

2. 编写区间判断函数的方法

举例说明掌握如何编写区间函数的方法。编写一个判断任意输入数据所处的区间范围(0~10,10~20)的函数,使此函数具有以下功能:当输入数据在 0~10 区间内时,其返回值为 1;输入数据在 10~20 区间内时,其返回值为 2。具体编写步骤见表 5.4。

表 5.4 区间判断函数编写步骤

操作步骤示意图	操作过程说明
	1. 首先,在新建 Function 函数程序时,点击图示"..."按钮设置函数参数
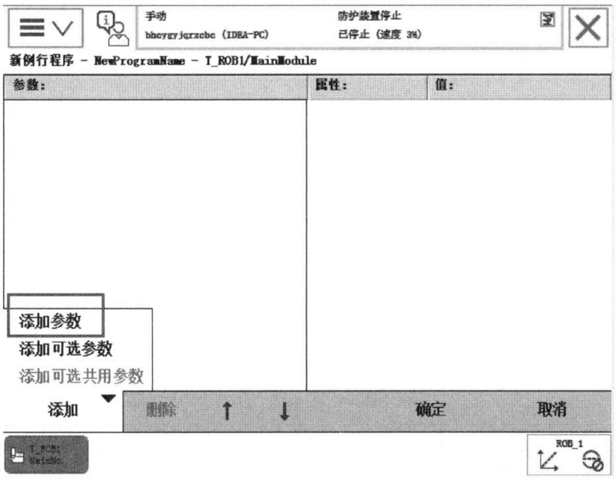	2. 在图示界面中,打开"添加"菜单,点击"添加参数"命令

表 5.4(续)

操作步骤示意图	操作过程说明
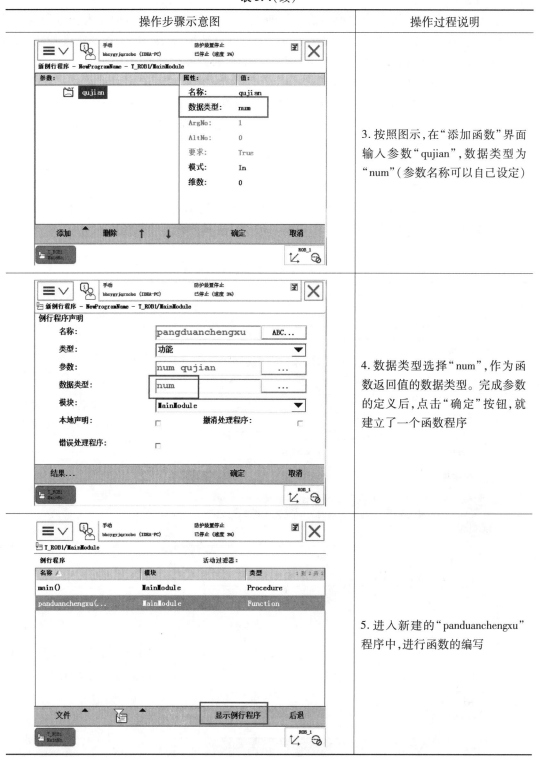	3. 按照图示,在"添加函数"界面输入参数"qujian",数据类型为"num"(参数名称可以自己设定)
	4. 数据类型选择"num",作为函数返回值的数据类型。完成参数的定义后,点击"确定"按钮,就建立了一个函数程序
	5. 进入新建的"panduanchengxu"程序中,进行函数的编写

表 5.4(续)

操作步骤示意图	操作过程说明
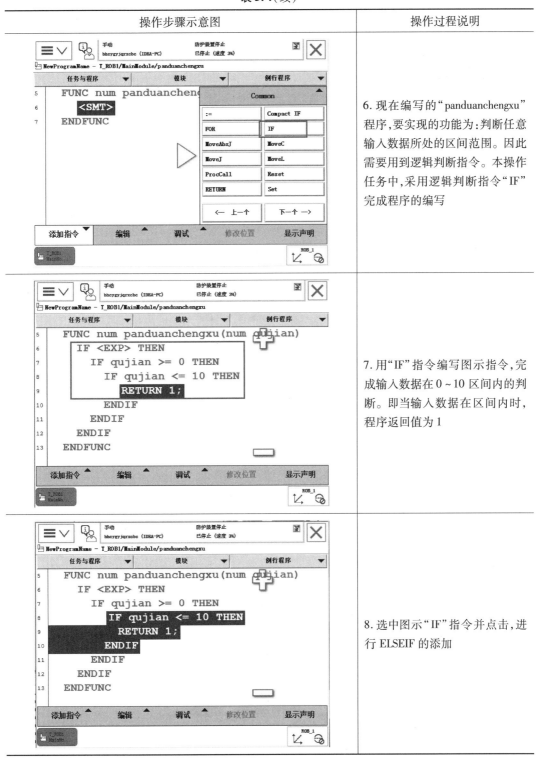	6. 现在编写的"panduanchengxu"程序,要实现的功能为:判断任意输入数据所处的区间范围。因此需要用到逻辑判断指令。本操作任务中,采用逻辑判断指令"IF"完成程序的编写
	7. 用"IF"指令编写图示指令,完成输入数据在 0~10 区间内的判断。即当输入数据在区间内时,程序返回值为 1
	8. 选中图示"IF"指令并点击,进行 ELSEIF 的添加

表 5.4(续)

操作步骤示意图	操作过程说明
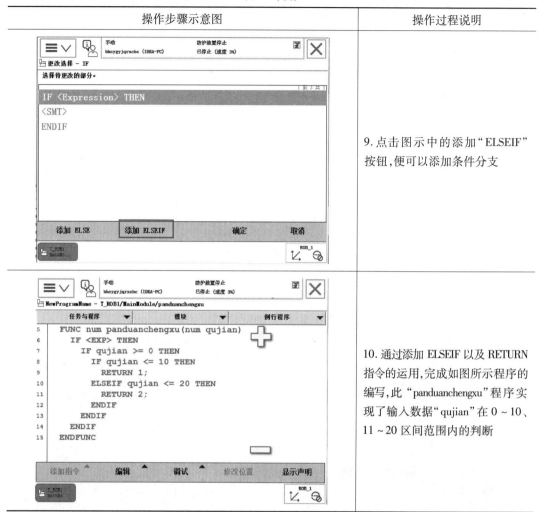	9. 点击图示中的添加"ELSEIF"按钮,便可以添加条件分支
	10. 通过添加 ELSEIF 以及 RETURN 指令的运用,完成如图所示程序的编写,此"panduanchengxu"程序实现了输入数据"qujian"在 0~10、11~20 区间范围内的判断

二、程序的跳转和标签

Label 指令和 GOTO 指令的用法:

如图 5.5 所示,Label 指令用于标记程序中的指令语句,相当于一个标签,一般作为 GOTO 指令的变元与其成对使用,从而实现程序从某一位置到标签所在位置的跳转,如图 5.6 所示。注意 Label 指令与 GOTO 指令成对使用时,两者标签 ID 要相同。

图 5.5　添加 Label 指令

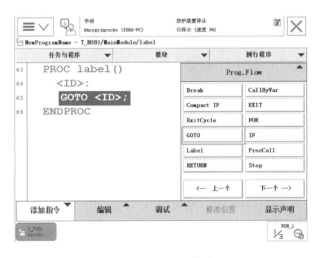

图 5.6　GOTO 指令

三、程序的中断和停止

1. 程序中断简介

在程序执行过程中,当发生需要紧急处理的情况时,需要中断当前执行的程序,跳转程序指针到对应的程序中,对紧急情况进行相应的处理。中断指的是正常程序执行过程暂停,跳过控制,进入中断例行程序的过程。中断过程中用于处理紧急情况的程序,称作中断例行程序(TRAP)。中断例行程序经常被用于出错处理、外部信号的响应等实时响应要求高的场合。

完整的中断过程包括:触发中断、处理中断、结束中断。首先,通过获取与中断例行程序关联起来的中断识别号(通过 CONNECT 指令关联),扫描与识别号关联在一起的中断触发指令来判断是否触发中断。触发中断原因可以是多种多样的,它们有可能是将输入或输出设为 1 或 0,也可能是下令在中断后按给定时间延时,也有可能是到达指定位置。在中断条件为真时,触发中断,程序指针跳转至与对应识别号关联的程序中进行相应的处理。在处理结束后,程序指针返回至被中断的地方,继续往下执行程序。

中断的整个实现过程,首先通过扫描中断识别号,然后扫描到与中断识别号关联起来的触发条件,判断中断触发的条件是否满足。当触发条件满足后,程序指针跳转至通过 CONNECT 指令与识别号关联起来的中断例行程序中。

2. 常用的中断相关指令

(1) CONNECT 指令

如图 5.7 所示,CONNECT 指令是实现中断识别号与中断例行程序连接的指令。实现中断首先需要创建数据类型为 intnum 的变量作为中断的识别号,识别号代表某一种中断类型或事件,然后通过 CONNECT 指令将识别号与处理此识别号中断的中断例行程序关联。

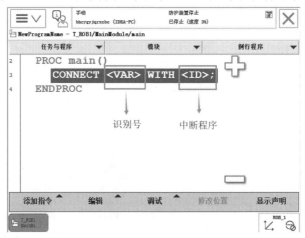

图 5.7　CONNECT 指令

例如:

VAR intnum feeder_wrong;

TRAP correct_feeder;

...

PROC main( )

CONNECT feeder_ wrong WITH correct_ feeder;

将中断识别号"feeder _ wrong"与"correct _ feeder"中断程序关联起来。

(2) 中断触发指令

由于触发程序中断的事件是多种多样的,它们有可能是将输入或输出设为 1 或 0,也可能是下令在中断后按给定时间延时,还有可能是机器人运动到达指定位置,因此在 RAPID 程序中包含多种中断触发指令。中断触发指令解析见表 5.5,可以满足不同中断触发需求。这里以 ISignalDI 为例说明中断触发指令的用法,其他指令的具体使用方法,可以查阅 RAPID 指令函数和数据类型技术参考手册。

表 5.5　程序中断解析表

指令	说明
ISignalDI	中断数字信号输入信号
ISignalDO	中断数字信号输出信号

表 5.5(续)

指令	说明
ISignalGI	中断一组数字信号输入信号
ISignalGO	中断一组数字信号输出信号
ISignalAI	中断模拟信号输入信号
ISignalAO	中断模拟信号输出信号
ITimer	定时中断
TriggInt	固定位置中断[运动(Motion)拾取列表]
IPers	变更永久数据对象时中断
IError	出现错误时下达中断指令并启用中断
IRMQMessage	RAPID 语言消息队列收到指定数据类型时中断

举例说明：
VAR intnum feeder_ wrong；
TRAP correct_feeder；
…
PROC main( )
CONNECT feeder_ wrong WITH correct_ feeder；
ISignalDI di2，1，feeder_ wrong；
将输入 di2 设置为 1 时,产生中断。此时,调用 correct_ feeder 中断程序。

(3)控制中断是否生效的指令

还有一些指令可以用来控制中断是否生效,见表 5.6。这里以 Idisable 和 IEnable 为例说明,只要在从 1 到 50 进行计数的时候,则不允许任何中断,完毕后启用所有中断。如图 5.8 所示。其他指令的具体使用方法,可以查阅 RAPID 指令函数和数据类型技术参考手册。

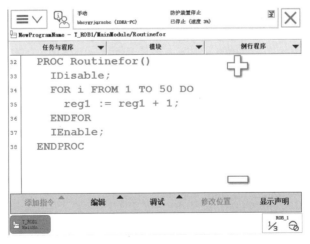

图 5.8　Idisable 和 IEnable 指令举例说明

表5.6 控制中断是否生效指令表

指令	说明
IDelete	取消（删除）中断
ISleep	使个别中断失效
IWatch	使个别中断生效
IDisable	禁用所有中断
IEnable	启用所有中断

3. 程序停止指令

为了处理突发事件，中断例行程序的功能有时会设置为让机器人程序停止运行。下面对程序停止指令及简单用法进行介绍。

（1）EXIT

该指令用于终止程序执行，随后仅可从主程序第一个指令重启程序。当出现致命错误或永久地停止程序执行时，应当使用 EXIT 指令。如图 5.9 所示为 EXIT 指令的编程举例，对比后面的 Stop 指令则是用于临时停止程序执行。在执行指令 EXIT 后，程序指针消失，且无法从程序中的该位置继续往下执行。为继续程序执行，必须重新设置程序指针。

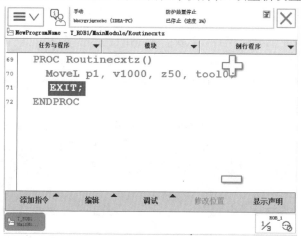

图 5.9　EXIT 指令举例说明

（2）Break

出于调试 RAPID 程序代码的目的，将 Break 用于立即中断程序执行。如机械臂立即停止运动；为排除故障，临时终止程序执行过程。

如图 5.10 所示为 Break 指令举例说明，机器人在往 p1 点运动过程中，Break 指令就绪时，机器人立即停止动作。如想继续往下执行机器人运动至 p2 点的指令，不需要再次设置程序指针。

（3）Stop

用于停止程序执行。在 Stop 指令就绪之前，将完成当前执行的所有移动。如图 5.11 所示为 Stop 指令举例说明，机器人在往 p1 点运动的过程中，Stop 指令就绪时，机器人仍将继续完成到 p1 点的动作。如想继续往下执行机器人运动至 p2 点的指令，不需要再次设置程序指针。

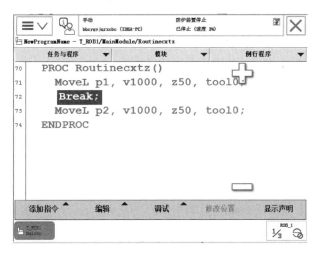

图 5.10 Break 指令举例说明

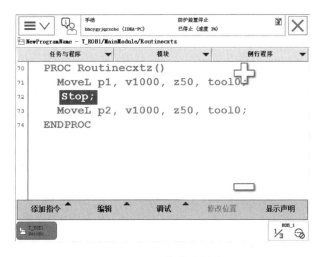

图 5.11 Stop 指令举例说明

四、程序的自动运行及导入导出

1. 程序的自动运行

机器人系统的 RAPID 程序编写完成,对程序进行调试满足生产加工要求后,可以选择将运行模式从手动模式切换到自动运行模式下自动运行程序。自动运行程序前,确认程序正确性的同时,还要确认工作环境的安全性。当两者达到标准要求后,方可自动运行程序。

RAPID 程序自动运行的优势:调试好的程序自动运行,可以有效地解放劳动力,因为手动模式下使能器是需要一直处于第一挡,程序才可以运行;另一方面,自动运行程序还可以有效地避免安全事故的发生,这主要是因为,自动运行下工业机器人处于安全防护栏中,操作人员均位于安全保护范围内。

2. 导入导出

工业机器人编程除了在示教器上进行点位示教编程之外,还可以在虚拟仿真软件上使用 RAPID 语言进行编程。用仿真软件编好的程序,进行虚拟仿真测试后,便可导入机器人示教器中进行简单调试后使用。

程序在完成调试并且在自动运行确认符合实际要求后,便可对程序模块进行保存,程序模块根据实际需要可以保存在机器人的硬盘或 U 盘上。

【任务实施】

一、任务实施目的

1. 掌握 Label 指令用法;
2. 掌握 GOTO 指令的用法;
3. 能够应用以上函数或指令进行编程及程序调试;
4. 培养实践动手能力;
5. 深入强化 6S 管理素养。

工业机器人编写跳转程序

二、设备和工具

IRB120 型 ABB 工业机器人集成多功能实训台,如图 1.10 所示。

三、任务实施内容

编写跳转函数程序。

【任务考核】

考核项目	考核内容	要求及评分标准	配分	成绩
理论知识	Function 函数	Function 函数三要素是什么?	5	
		简述编写函数的分析过程	5	
	程序跳转、中断	Label 指令与 GOTO 指令的用法	5	
		完整的中断过程包括什么?	5	
	程序自动运行	程序自动运行前需要哪些准备工作?	10	
实际操作评定	编写跳转函数程序	对工业机器人进行示教编程及调试,程序实现对两个变量做比较;如果变量的正负符号相同则执行绘制圆形程序;如果符号相反则执行绘制三角形程序	50	
文明生产	安全操作	符合安全操作规程	10	
	6S 标准执行	工作过程符合 6S 标准,及时清理维护设备	5	
	团队合作	具备小组间沟通、协作能力	5	
合计			100	
开始时间:		结束时间:		

【习题思考】

1. Function 函数三要素包括(　　)、(　　)和(　　)。
2. Label 指令用于(　　),相当于一个标签,一般作为(　　)指令的变元与其成对使用,从而实现程序从某一位置到(　　)的跳转。
3. 为处理突发事件,(　　)程序的功能有时会设置为让机器人程序(　　)。
4. 简述中断触发指令的功能。
5. 简述什么是中断例行程序。

拓展知识

工业机器人在智能制造中的应用——焊接机器人

焊接机器人技术是机器人技术、焊接技术和系统工程技术的融合,焊接机器人能否在实际生产中得到应用,发挥其优越性,取决于人们对上述技术的融合程度。经过几十年的努力,焊接机器人技术取得了长足进步,下面将从机器人系统、焊接电源、传感技术三方面介绍焊接机器人技术的新进展。

一、机器人系统

现在全球经济发展进入"中速"阶段,整个制造业的发展模式正由速度效益转变为质量效益。在此大背景下,焊接机器人公司如何针对细分客户进行量身定制的产品研发和创新,成为各行各业新的研究课题。

1. 操作机

日本 FANUC 机器人公司于 2012 年推出针对狭小空间作业的 FANUC R - OiA 机器人,如图 5.12 所示。在弧焊应用方面,FANUC R - OiA 拥有无可比拟的优越性能:

(1) 通过优化成功地设计了轻量和紧凑的机器人手臂,在保持原有可靠性的同时,实现了优异的性价比;

(2) 采用最先进的伺服技术,提高机器人的动作速度和精确度,最大限度减少操作员的干预,提高了弧焊系统的工作效率;

(3) FANUC R - OiA 与林肯新型弧焊电源之间实现了数字通信,能够进行机器人和焊接电源的高速协调控制,从而实现高品质焊接;

(4) 提供薄板软钢低飞溅、高品质脉冲焊接等多种焊接方法,几乎可以用于所有应用,有效地提升了焊接能力。

2. 控制器

机器人单机操作很难满足复杂焊道或大型构件的焊接需求。为此,国外一些著名的机器人公司推出的机器人控制器都可实现同时对几台机器人和几个外部轴的协同控制,从而实现几台机器人共同焊接同一工件,如图 5.13 所示。或者实现搬运机器人与焊接机器人协同工作。例如 YASKAWA 公司推出的机器人控制柜可以协调控制多达 72 个轴。

 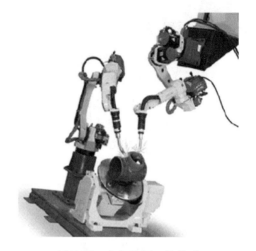

图 5.12　FANUC R-OiA 弧焊机器人　　　图 5.13　多机协同工作模式

二、焊接电源

焊接作为工业生产的重要环节,效率的提高对总的生产率的提高有着举足轻重的作用。对于如何改善焊接质量和提高焊接生产效率方面,学者们做了大量研究,主要包括两个方面:一个是以提高焊接材料的熔化速度为目的的高熔敷效率焊接,主要用于厚板焊接;另一个是以提高焊接速度为目的的高速焊接,主要用于薄板焊接。

1. 双丝焊接技术

双丝焊接是近几年发展起来的一种高速高效焊接方法,如图 5.14 所示,在实际焊接薄板时可显著提高焊接速度(达到 3~6 m/min),焊接厚板时可提高熔敷效率。除了高速高效外,双丝焊接还能在熔敷效率增加时保持较低的热输入,热影响区小,焊接变形小,焊接气孔率低。由于焊接速度非常高,特别适合采用机器人焊接,因此机器人的应用也推动了这一先进焊接技术的发展。目前双丝焊接主要有两种方法:Twin arc 法和 Tandem 法。两种方法焊接设备的基本组成类似,都是由 2 个焊接电源、2 个送丝机和 1 个共用的送双丝的电缆。Twin arc 法的主要生产厂家有德国的 SKS、Benzel 和 Nimark 公司,美国的 Miller 公司。Tandem 法的主要生产厂家有德国的 CLOOS、奥地利的 Fronius 和美国的 Lincoln 公司。

图 5.14　Fronius 机器人双丝焊系统

2. 激光/电弧复合热源技术

激光/电弧复合热源焊接技术是激光焊与气体保护焊的联合,例如激光/TIG、激光/MIG、激光/MAG 等,如图 5.15 所示。两种焊接热源同时作用于一个焊接熔池。该技术最早出现在 20 世纪 70 年代末,但由于激光器的昂贵价格,限制了其在工业中的应用。随着激光器和电弧焊设备性能的提高,以及激光器价格的不断降低,同时为了满足生产的迫切需求,激光/电弧复合热源焊接技术得到了越来越多的应用。该技术之所以受到青睐,是由于其兼顾各热源之长而补各自之短,具有"1+1>2"或更多的"协同效应"。与激光焊接相比,该技术对装配间隙的要求降低,进而降低了焊前工件制备成本;另外,由于使用填充焊丝,消除了激光焊接时存在的固有缺陷,焊缝更加致密。与电弧焊相比,该技术提高了电弧的稳定性和功率密度,提高了焊接速度和焊缝熔深,热影响区变小,降低了工件的变形,消除了起弧时的熔化不良缺陷。

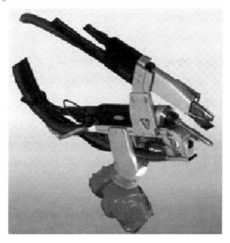

图 5.15 激光/电弧复合热源焊接

3. 电源融合技术

在标准的弧焊机器人系统中,机器人和焊接电源是两种不同类型的产品,它们之间通过模拟或数字接口进行通信,数据交换量有限。为满足用户对低综合成本、高生产率、高可维护性、高焊接品质的要求,并打破焊接电源和机器人两者间的壁垒,目前业界已推出电源融合型弧焊专用机器人,如图 5.16 所示的 TAWERS 机器人就是其中一例。它集中了各种优秀的焊接功能于一身,并不断进化发展衍生出许多优秀的焊接工法,是弧焊机器人发展史上里程碑式产品。该型弧焊机器人本体部分采用高速、高刚性的 TA 系列(焊枪电缆外置式)控制装置,与标准电源分离型不同,在机器人控制器下部内置了焊接电源单元,进行波形控制的"大脑"——焊接控制板安装在机器人控制柜中。在电源单元中搭建了目前该级别世界上速度最快的 100 kHz 超高速逆变单元,即便在脉冲模式下,它的功率也能达到 350 A、60% 的负载率,而电源单元的尺寸却比以往的全数字电源缩小了 1/3。作为焊机制造厂家开发的专用机器人,TAWERS 实现了机器人与高性能电源的完美结合,采用全软件高速波形控制技术,可控制焊接热输入,实现焊接飞溅极小化,适于高速焊接。

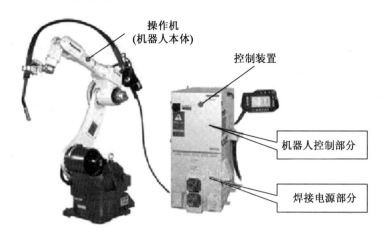

图 5.16 松下 TAWERS 电源融合型弧焊机器人

三、传感技术

工程机械行业作为焊接机器人广泛应用领域之一,其产品(挖掘机、装载机、起重机、路面机械等)的结构件大量应用于中厚钢板。在中厚板的大型结构件焊接中,很难保证焊接夹具上的工件定位十分精准;而且,焊接时的热量经常会使结构件发生变形,这些都是焊接线位置发生偏移的原因。所以,焊接大型结构件时,检测并计算偏移量、进行位置纠正的功能必不可少。此外,中厚板焊接一般需要开坡口,由于前期坡口的加工精度、工件组对、焊接过程导致变形等原因,实际焊缝坡口的宽度并不一致,也会产生错边等缺陷。这些问题在焊前示教编程时不易解决。根据焊接机器人系统的使用效率,用户在实际生产中也不可能接受对同样规格的每个工件逐一焊前示教编程,以修正上述焊接线偏离及坡口宽度的变化。智能化传感技术(接触传感、电弧传感和光学传感)的应用是解决上述问题的有效途径。

1. 接触传感

就机器人焊接作业而言,焊接机器人的运动轨迹控制主要指初始焊位导引与焊缝跟踪控制技术。其中,焊接机器人的初始焊位导引可采用接触传感功能。接触传感的原理如图 5.17 所示。机器人将加载有传感电压的焊丝移向工件,当焊丝和工件接触时,焊丝与工件之间的电位差变为 0 V。将电位差为 0 V 的位置记忆成工件位置,反映在程序点上。焊丝接触传感具有位置纠正的三方向传感、开始点传感、焊接长度传感、圆弧传感等功能,并可以纠正偏移量,在日本 KOBELCO 焊接机器人系统中得到广泛应用。

2. 电弧传感

电弧传感跟踪控制技术是通过检测焊接过程中电弧电压、电弧电流、弧光辐射和电弧声等电弧现象本身的信号,提供有关电弧轴线是否偏离焊接对缝的信息,进行实时控制。KOBELCO 焊接机器人的电弧传感功能广泛应用于工程实际。焊枪在焊缝坡口内进行摆动(往返动作)时,导电嘴与母材之间的距离(焊丝干伸长度)会发生变化。焊丝干伸长度越长,焊接电流越小;反之则电流越大。电弧传感不需要在焊枪上安装特殊设备,在焊接过程中即可检测出焊枪的位置偏移程度,并及时纠正,这是非常实用的先进传感技术,在 KOBELCO 焊接机器人系统中得到广泛应用。

项目5 工业机器人示教编程应用与调试

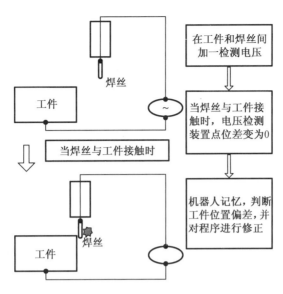

图5.17 接触传感原理

3. 光学传感

光学传感器可分为点、线、面三种形式。它以可见光、激光或者红外线为光源,以光电元件为接受单元,利用光电元件提取反射的结构光,得到焊枪位置信息。常见光学传感器包括红外光传感器、光电二极管和光电晶体管、CCD(电荷耦合器件)、PSD(激光测距传感器)和SSPD(自扫描光电二级管阵列)等。随着计算机视觉技术的发展,焊缝跟踪引入了视觉传感技术。与其他传感器相比,视觉传感器具有提供信息量丰富,灵敏度测量精度高,抗电磁场干扰能力强,与工件无接触等优点,适合各种坡口形状,可以同时进行焊缝跟踪控制和焊接质量控制。而计算机技术和图像处理技术的不断发展,又容易满足实时性,因而视觉传感是一种很有前途的传感方法。SERVO ROBOT及META公司都开发了各自的基于激光传感器的焊缝跟踪系统,如图5.18所示。

图5.18 激光视觉传感器

参 考 文 献

［1］ 田贵福,林燕文.工业机器人现场编程(ABB)[M].北京:机械工业出版社,2017.
［2］ 叶晖,管小清.工业机器人实操与应用技巧[M].北京:机械工业出版社,2010.
［3］ 兰虎.工业机器人技术及应用[M].北京:机械工业出版社,2014.
［4］ 张春芝,钟柱培,许妍妩.工业机器人操作与编程[M].北京:高等教育出版社,2018.
［5］ 吴海波,刘海龙.工业机器人现场编程(ABB)[M].北京:高等教育出版社,2017.

附　　录

本书以 ABB 型工业机器人为例讲解工业机器人操作与编程,该品牌工业机器人提供了丰富的 RAPID 程序指令,方便了用户对程序的控制,同时也为复杂应用的实现提供了可能。下面按照 RAPID 程序指令、功能及用途进行分类,并对每个指令的功能做一说明。

一、程序执行的控制

1. 程序的调用(附表 1)

附表 1　程序的调用

指令	说明
ProcCall	调用例行程序
callByVar	通过变量的例行程序名称调用例行程序
RETURN	返回原例行程序

2. 逻辑控制指令(附表 2)

附表 2　逻辑控制指令

指令	说明
Compact IF	如果条件满足,执行下一条指令
IF	当满足不同的条件时,执行对应的程序
FOR	根据指定的次数,重复执行对应的程序
WHILE	如果条件满足,重复执行对应的程序
TEST	对一个变量进行判断,从而执行不同的程序
GOTO	跳转到例行程序内标签的位置
lable	跳转标签

3. 停止程序指令(附表 3)

附表 3　停止程序指令

指令	说明
Stop	停止程序执行
EXIT	停止程序执行并禁止在停止处再开始
Break	临时停止程序的执行,用于手动调试

附表 3（续）

指令	说明
SystemStopAction	停止程序执行与机器人运动
ExitCycle	中止当前程序的运行并将程序指针 PP 复位到主程序的第一条指令。如果选择了程序连续运行模式，程序将从主程序的第一句重新执行

二、变量指令

变量指令主要用于对数据进行赋值、等待指令、注释指令及程序模块控制指令方面。

1. 赋值指令（附表 4）

附表 4　赋值指令

指令	说明
：=	对程序数据进行赋值

2. 等待指令（附表 5）

附表 5　等待指令

指令	说明
WaitTime	等待一个指定的时间，程序再往下执行
WaitUntil	等待一个条件满足后，程序继续往下执行
WaitDI	等待一个输入信号状态为设定值
WaitDO	等待一个输出信号状态为设定值

3. 程序注释指令（附表 6）

附表 6　程序注释指令

指令	说明
comment	对程序进行注释

4. 程序模块加载指令（附表 7）

附表 7　程序模块加载指令

指令	说明
Load	从机器人硬盘加载一个程序模块到运行内存中
UnLoad	从运行内存卸载一个程序模块
Start Load	在程序执行的过程中，加载一个程序模块到运行内存中

附表7(续)

指令	说明
Wait Load	当 Start Load 使用后，使用此指令将程序模块连接到任务中使用
CancelLoad	取消加载程序模块
CheckProgRef	检查程序引用
Save	保存程序模块
EraseModule	从运行内存删除程序模块

5. 变量功能指令(附表8)

附表8　变量功能指令

指令	说明
TryInt	判断数据是否为有效的整数
OpMode	读取当前机器人的操作模式
RunMode	读取当前机器人程序的运行模式
NonMotionMode	读取程序任务当前是否为无运动的执行模式
Dim	获取一个数组的维数
Present	读取带参数例行程序的可选参数值
IsPers	判断一个参数是不是可变量
IsVar	判断一个参数是不是变量

6. 转换功能指令(附表9)

附表9　转换功能指令

指令	说明
Str ToByte	将字符串转换指定格式的字节数据
Byte ToStr	将字节数据转换成字符串

三、运动设定

1. 速度设定功能（附表10)和速度设定指令(附表11)

附表10　速度设定功能

指令	说明
MaxRobSpeed	获取当前型号机器人可实现的最大 TCP 速度

附表 11　速度设定指令

指令	说明
VelSet	设定最大的速度与倍率
SpeedRefresh	更新当前运动的速度倍率
AccSet	定义机器人的加速度
WorldAccLim	设定大地坐标中工具与载荷的加速度
PathAccLim	设定运动路径中 TCP 的加速度

2. 轴配置管理指令（附表 12）

附表 12　轴配置管理指令

指令	说明
ConfJ	关节运动的轴配置控制
ConfL	线性运动的轴配置控制

3. 奇异点的管理指令（附表 13）

附表 13　奇异点的管理指令

指令	说明
SingArea	设定机器人运动时,在奇异点的插补方式

4. 位置偏移指令（附表 14）和位置偏移功能说明（附表 15）

附表 14　位置偏移指令

指令	说明
PDispOn	激活位置偏置
PDispSet	激活指定数值的位置偏置
PDispOff	关闭位置偏置
EOffsOn	激活外轴偏置
EOffsSet	激活指定数值的外轴偏置
EOffsOff	关闭外轴位置偏置

附表 15　位置偏移功能说明

指令	说明
DefDFrame	通过三个位置数据计算出位置的偏置
DefFrame	通过六个位置数据计算出位置的偏置
ORobT	从一个位置数据删除位置偏置
DefAccFrame	从原始位置和替换位置定义一个框架

5. 软伺服功能指令(附表16)

附表16 软伺服功能指令

指令	说明
SoftAct	激活一个或多个轴的软伺服功能
SoftDeact	关闭软伺服功能

6. 机器人参数调整指令(附表17)

附表17 机器人参数调整指令

指令	说明
TuneServo	伺服调整
TuneReset	伺服调整复位
PathResol	几何路径精度调整
CirPathMode	在圆弧插补运动时，工具姿态的变换方式

7. 空间监控管理指令（附表18）

附表18 空间监控管理指令

指令	说明
WZBoxDef	定义一个方形的监控空间
WZCylDef	定义一个圆柱形的监控空间
WZSphDef	定义一个球形的监控空间
WZHomeJointDef	定义一个关节轴坐标的监控空间
WZLimJointDef	定义一个限定为不可进入的关节轴坐标监控空间
WZLimSup	激活一个监控空间并限定为不可进入
WZDOSet	激活一个监控空间并与一个输出信号关联
WZEnable	激活一个临时的监控空间
WZFree	关闭一个临时的监控空间

四、运动控制

1. 机器人运动指令(附表19)

附表19 机器人运动指令

指令	说明
MoveC	TCP 圆弧指令
MoveJ	关节运动

附表 19（续）

指令	说明
MoveL	TCP 线性运动
MovcAbsJ	轴绝对角度位置运动
MoveExtJ	外部直线轴和旋转轴运动
MoveCDO	TCP 圆弧运动的同时触发一个输出信号
MoveJDO	关节运动的同时触发一个输出信号
MoveLDO	TCP 圆弧运动的同时执行一个输出信号
MoveCSync	TCP 圆弧运动的同时执行一个列行程序
MoveJSync	关节运动的同时执行一个列行程序
MoveLSync	TCP 线性运动的同时执行一个列行程序

2. 搜索指令（附表 20）

附表 20　搜索指令

指令	说明
SearchC	TCP 圆弧搜索运动
SearchL	TCP 线性搜索运动
SearchExtJ	外轴搜索运动

3. 指定位置触发信号与中断指令（附表 21）

附表 21　指定位置触发信号与中断指令

指令	说明
TriggIO	定义触发条件在一个指令的位置触发输出信号
TriggInt	定义触发条件在一个指令的位置触发中断程序
TriggCheckIO	定义一个指定的位置进行 I/O 状态的检查
TriggEquip	定义触发条件在一个指定的位置触发输出信号，并对信号响应的延迟进行补偿设定
TriggRampAO	定义触发条件在一个指定的位置触发模拟输出信号，并对信号响应的延迟进行补偿设定
TriggC	带触发事件的圆弧运动
TriggJ	带触发事件的关节运动
TriggL	带触发事件的线性运动
TriggLIOs	在一个指定的位置触发输出信号的线性运动
StepBwdPath	在 RESTART 的事件程序中进行路径的返回

附表 21（续）

指令	说明
TriggStopProc	在系统中创建一个监控处理，用于在 STOP 和 QSTOP 中需要的信号复位和程序数据的复位的操作
TriggSpeed	定一模拟输出信号与实际 TCP 速度之间的配合

4. 出错或中断时的运动控制指令（附表 22 和附表 23）

附表 22　出错或中断的运动控制指令

指令	说明
StopMove	停止机器人运动
StartMove	重新启动机器人运动
StartMoveRetry	重新启动对机器人运动及相关的参数设定
StopMoveReset	对停止运动状态复位，但不重新启动机器人运动
Storepath	存储已生成的最近路径
Restopath	重新生成之前存储的路径
ClearPath	在当前的运动路径级别中，清空整个运动路径
PathLevel	获得当前路径级别
SyncMovesuspend	在 Storepath 的路径级别中暂停同步坐标的运动
SyncMoveResume	在 Storepath 的路径级别中重返同步坐标的运动

附表 23　功能说明

指令	说明
IsStopMoveAct	获取当前停止运动标识符

5. 外轴的控制指令和外轴控制功能说明（附表 24 和附表 25）

附表 24　外轴的控制指令

指令	说明
DeactUnit	关闭一个外轴单元
ActUnit	激活一个外轴单元
MechUnitLoad	定义外轴单元的有效载荷

附表 25　外轴控制功能说明

指令	说明
GetNestMechUnit	检查外轴单元在机器人系统中的名字
IsStopMoveAct	检查一个外轴单元状态是关闭/激活

6. 独立轴控制指令和独立控制功能说明(附表 26 和附表 27)

附表 26　独立轴控制指令

指令	说明
IndAMove	将一个轴设定为独立轴模式并进行绝对位置方式运动
IndCMove	将一个轴设定为独立轴模式并进行连续方式运动
IndDMove	将一个轴设定为独立轴模式并进行角度方式运动
IndRMove	将一个轴设定为独立轴模式并进行相对位置方式运动
IndReset	取消独立轴模式

附表 27　独立控制功能说明

指令	说明
IndInpos	检查独立轴是否已达到指定位置
IndSpeed	检查独立轴是否已达到指定的速度

7. 路径修正指令和功能说明(附表 28 和附表 29)

附表 28　路径修正指令

指令	说明
CorrCon	连接一个路径修正生成器
CorrWrite	将路径坐标系统中的修正值写到修正生成器
CorrDiscon	断开一个已连接的路径修正生成器
CorrClear	取消所有已连接的路径修正生成器

附表 29　路径修正功能说明

指令	说明
CorrRead	读取所有已连接的路径修正生成器的总修正值

8. 路径记录指令和功能说明(附表 30 和附表 31)

附表 30　路径记录指令

指令	说明
PathRecStart	开始记录机器人的路径
PathRecStop	停止记录机器人的路径
PathRecMoveBwd	机器人根据记录的路径做后退运动
PathRecMoveFwd	机器人运动到执行 PathRecMoveBwd 这个指令的位置上

附表 31 路径记录功能说明

指令	说明
PathRecValidBwd	检查是否已激活路径记录和是否有可后退的路径
PathRecValidwd	检查是否已激活路径记录路径

9. 输出链跟踪功能指令(附表 32)

附表 32 输出链跟踪功能指令

指令	说明
WaitWObj	等待输出链上的工件坐标
DropWObj	放弃输出链上的工件坐标

10. 传感器同步功能指令(附表 33)

附表 33 传感器同步功能指令

指令	说明
WaitSensor	将一个在开始窗口的对象与传感器设备关联起来
SyncToSensor	开始/停止机器人与传感器设备的运动同步
DropSensor	断开当前对象的连接

注：这些功能需选项"Sensor synchronization 的配合。

11. 有效载荷与碰撞检测指令(附表 34)

附表 34 有效载荷与碰撞检测指令

指令	说明
MotionSup	激活/关闭运动监控
LoadId	工具或有效载荷的识别
ManLoadld	外轴有效载荷的识别

注：这些功能需要选项"Collision detection"的配合。

12. 关于位置的指令(附表 35)

附表 35 关于位置的指令

指令	说明
Offs	对机器人位置进行偏移
RetOol	对工具的位置和姿态进行偏移

附表35（续）

指令	说明
CalcRobT	从 jointtarget 计算出 nontarget
CPos	读取机器人当前的 X、Y、Z
CRobT	读取机器人当前的 nontarget
CJointT	读取机器人当前的关节轴角度
ReadMotor	读取轴电动机当前的角度
CTool	读取工具坐标当前的数据
CWObj	读取工件坐标当前的数据
MirpoS	镜像一个位置
CaleJointT	从 rootage 计算出 jointtarget
Distance	计算两个位置的距离
PFRestart	检查当路径因电源关闭而中断的时候
CSpeedOverride	读取当前使用的速度倍率

五、输入/输出信号的处理

机器人可以在程序中对输入/输出信号进行读取与赋值，以实现程序控制的需要。

1. 对输入/输出信号的值进行设定的指令（附表36）

附表36　对输入/输出信号的值进行设定的指令

指令	说明
InvertDO	转化数字信号输出信号值
PulseDO	数字输出信号进行脉冲输出
Reset	将数字输出信号置为 0
Set	将数字输出信号置为 1
SetAO	设定模拟输出信号的值
SetDO	设定数字输出信号的值
SetGO	设定组输出信号的值

2. 读取输入/输出信号值功能说明（附表37）和等待信号指令（附表38）

附表37　读取输入/输出信号值功能说明

指令	说明
AOutput	读取模拟输出信号的当前值
DOutput	读取数字输出信号的当前值
GOutput	读取组输出信号的当前值

附表 37（续）

指令	说明
TestDI	检查一个数字输入信号已置 1
ValidIO	检查 I/O 信号是否有效

附表 38　等待信号指令

指令	说明
WaitDI	等待一个数字输入信号的指定状态
WaitDO	等待一个数字输出信号的指定状态
WaitGI	等待一个组输入信号的指定状态
WaitGO	等待一个组输出信号的指定状态
WaitAI	等待一个模拟输入信号的指定状态
WaitAO	等待一个模拟输出信号的指定状态

3. I/O 模块的控制指令（附表 39）

附表 39　I/O 模块的控制指令

指令	说明
IODisable	关闭一个 I/O 模块
IOEnable	关闭一个 I/O 模块

六、通信功能

1. 示教器上人机界面的功能指令（附表 40）

附表 40　示教器上人机界面的功能指令

指令	说明
TPHRase	清屏
TPWrite	在示教器操作界面上写信息
ErrWRite	在示教器事件日志中写报警信息并存储
TPReadFK	互动的功能键操作
TPReadNum	互动的数字键盘操作
TPShow	通过 RAPID 程序打开指定的窗口

2. 通过串口进行读写的指令（附表 41）和串口读写功能介绍（附表 42）

附表41　通过串口进行读写的指令

指令	说明
Open	打开串口
Write	对串口进行写文本操作
Close	关闭串口
WriteEn	写一个二进制数的操作
WriteAnyBin	写任意二进制数的操作
WriteStrBin	写字符的操作
Rewind	设定文件开始的位置
ClearIOBuff	清空串口的输入缓冲
ReadAnyBin	从串口读取任意的二进制数

附表42　串口读写功能介绍

指令	说明
ReadNum	读取数字量
ReadStr	读取字符串
ReadBin	从二进制串口读取数据
ReadStrBin	从二进制串口读取字符串

3. Sockets 通信功能说明（附表43）

附表43　Sockets 通信功能说明

指令	说明
SocketCreate	创建新的 Socket
SocketConnect	连接远程计算机
SocketSend	发送数据到远程计算机
SocketReceive	从远程计算机接收数据
SocketClose	关闭 Socket
SocketGetStatus	获取当前 Socket 状态

七、中断程序

1. 中断设定指令（附表44）

附表44　中断设定指令

指令	说明
CONNECT	连接一个中断符号到中断程序
IsignalDI	使用一个数字输入信号触发中断

附表44（续）

指令	说明
ISignalDo	使用一个数字输出信号触发中断
ISignalGI	使用一个组输入信号触发中断
ISignalGo	使用一个组输出信号触发中断
ISignalAI	使用一个模拟输入信号触发中断
IsignalAo	使用一个模拟输出信号触发中断
ITimer	计时中断
TriggIng	在一个指定的位置触发中断
IPers	使用一个可变量触发中断
ERror	当一个错误发生时触发中断
IDElete	取消中断

2. 中断的控制指令（附表45）

附表45　中断的控制指令

指令	说明
ISleep	关闭一个中断
IWatch	激活一个中断
IDisable	关闭所有中断
IEnable	激活所有中断

八、系统相关的指令

1. 时间控制指令（附表46）

附表46　时间控制指令

指令	说明
ClKReset	计时器复位
ClKStart	计时器开始计时
ClKstop	计时器停止计时

2. 时间控制功能说明（附表47）

附表47　时间控制功能说明

指令	说明
ClKRead	读取计时器数值
CDate	读取当前日期

附表47（续）

指令	说明
CTime	读取当前时间
GetTime	读取当前时间为数字型数据

九、数学运算

1. 简单运算指令（附表48）

附表48　简单运算指令

指令	说明
Clear	清空数值
Add	加或减操作
Incr	加1操作
Decr	减1操作

2. 算术功能说明（附表49）

附表49　算术功能说明

指令	说明
Abs	取绝对值
Round	四舍五入
Trunc	舍位操作
Sqrt	计算二次根
Exp	计算指数值 e^x
Pow	计算指数值
ACos	计算圆弧余弦值
ASin	计算圆弧正弦值
ATan	计算圆弧正切值【-90,90】
ATan2	计算圆弧正切值【-180,180】
Cos	计算余弦值
Sin	计算正弦值
Tan	计算正切值
EulerZYX	从姿态计算欧拉角
OrientZYX	从欧拉角计算姿态